위대한 여정

GREAT MIGRATIONS

GREAT MIGRATIONS

위대한 여정

카렌 코스티얼·내셔널지오그래픽 엮음
이영기 옮김

CONTENTS

동물들의 대이동 지도

아래 지도는 이 책에 등장한 동물들의 서식지와 이동 경로를 나타낸다.
동물들 앞의 숫자는 해당 동물의 이야기가 처음 시작되는 책 속 페이지를 가리킨다.
(지도상의 표시가 해당 동물의 서식지와 이동 경로를 모두 포함하고 있는 것은 아니다.)

북 극 해

북극권 한계선

북 아 메 리 카

북 대 서 양

유 럽

가지뿔영양
(그랜드티턴, 미국)

철새 이동 경로
(미주리, 미국)

향유고래
(아조레스 섬, 포르투갈)

백상아리
(과달루페 섬, 멕시코)

북회귀선

북 태 평 양

모나크나비
(멕시코)

고래상어
(벨리즈와 멕시코)

말리 코끼리
(말리와 부르키나파소)

군대개미
(코스타리카)

적도

향유고래
(태평양)

남 아 메 리 카

향유고래
(대서양)

남 대 서 양

남회귀선

남 태 평 양

포클랜드 제도
(영국)

남극권

태평양 바다코끼리
(추크치 해)

태평양 바다코끼리
(베링 해)

아 시 아

북 태 평 양

아 프 리 카

흰귀코브영양
(수단)

황금해파리
(팔라우)

세렝게티 얼룩말
(케냐와 탄자니아)

오랑우탄
(보르네오, 말레이시아와 인도네시아)

누
(케냐와 탄자니아)

향유고래
(태평양)

얼룩말
(보츠와나)

홍게
(크리스마스 섬,
오스트레일리아)

작은붉은날여우박쥐
(오스트레일리아)

인 도 양

향유고래
(인도양)

오 스 트 레 일 리 아

남 태 평 양

남 극 대 륙

불안한 지구

동물의 이동은 한 편의 극적인 드라마다. 살고자 하는 본능과 욕망에 관한 이야기이다. 거기에는 굶주림과 갈증, 탄생과 죽음, 목숨을 건 투쟁과 승리의 이야기가 들어 있다. 그것은 자연이 빚어내는 장대한 스펙터클이다. 아프리카 세렝게티 Serengeti 대초원을 달리는 누 wildebeest 무리의 물결, 멕시코 산악 지대에서 날아오른 수십억 마리에 이르는 모나크나비 monarch butterfly 들의 날갯짓, 얼음에 올라타서 베링 해협을 떠가는 태평양 바다코끼리 Pacific walrus 들의 육중한 움직임······ 이런 대이동이 없다면 모든 생물은 멸종하고 말 것이다.

■

사우스조지아 섬에서 수컷 원더링앨버트로스(wandering albatross)가 3미터가 넘는 양쪽 날개를 펼쳐 암컷에게 구애를 하고 있다. 수개월간 남대서양을 이동한 이들은 이 섬에서 새로운 짝을 찾는다.

이들은 왜 수백에서 수천 킬로미터에 이르는 위험천만하고도 길고 긴 여행을 주기적으로 하는 것일까? 그들에게 이동해야 할 때를 알려 주고, 그 길을 안내하는 것은 무엇인가? 이동하는 과정에서 자신들, 특히 어린 새끼들이 포식자들이나 자연의 재앙으로 목숨이 위태로우리라는 것을 뻔히 알면서도 왜 순례의 욕망을 꺾지 못하는 것일까?

이것은 수십 년간 과학자들이 탐구해 온 의문들이다. 이중에 어떤 것은 풀렸지만 아직도 많은 부분은 미스터리로 남아 있다. 독자들은 이 책에서 그 수수께끼에 얽힌 이야기들을 만나게 될 것이다.

동물의 세계는 〈내셔널지오그래픽〉이 오랫동안 즐겨 다뤄 온 주제였다. 잡지, 단행본, 영상 등을 통해 동물 세계의 불가사의와 일상적인 모습들을 담아 왔다. 〈내셔널지오그래픽〉이 만든 최초의 TV 프로그램인 〈구달과 야생 침팬지^{Miss Goodall and the Wild Chimpanzees}〉는 1965년 12월 CBS를 통해 방영되어 대단한 찬사와 화제를 모았다. 촬영 기술이 발달하면서 프로그램의 수준도 점점 향상되어 갔다. 그 결과 최근에는 〈펭귄 – 위대한 모험^{March of the Penguins}〉, 〈나누와 실라의 대모험^{Arctic Tale}〉 같은 뛰어난 다큐멘터리 영화를 내놓을 수 있게 되었다.

120년이 넘는 역사를 자랑하는 〈내셔널지오그래픽〉은 미국지리학회가 발간하는 학술지 형태로 처음 세상에 나왔다. 미국지리학회는 '지리학적 지식을 높이고 널리 보급하기 위한' 목적으로 1888년 영국왕립지리학회를 본떠 설립됐다. 〈내셔널지오그래픽〉은 초기에는 학자와 탐험가들이 주 독자층이었으며, 사진도 실리지 않았다. 그러나 지금은 초기 설립자들은 꿈도 꾸지 못했을 야심찬 프로젝트를 진행할 정도까지 되었다.

그중 하나가 동물 대이동의 실상을 포착해 보자는 것이었다. 동물의 이동은 지구에 사는 생명체들이 서로 얼마나 밀

겨울을 나기 위해 4000킬로미터를 이동한 끝에 멕시코에 도착한 모나크나비들이 색종이를 뿌려 놓은 듯한 모습으로 날고 있다. 이 산간 숲에는 1억~3억 5000만 마리에 이르는 모나크나비들이 모여든다. 이곳의 차가운 기온이 모나크나비의 신진대사에 도움이 된다고 한다. 멕시코 정부에 의해 이 숲지대 약 13만 8000에이커가 보호구역으로 지정돼 있지만, 무분별한 벌목으로 보호구역 바깥으로 서식지가 내몰리고 있다.

접하게 얽혀 있는지를 보여 주는 핵심적인 증거이기 때문에 그런 프로젝트를 선택하는 것은 당연했다. 물론 그것이 가능했던 것은 첨단 기술 덕분이었다. 예컨대 과학자들은 위성 추적 장치를 통해 몇 십 년 전만 해도 불가능했던 동물의 이동 경로를 파악할 수 있게 되었다. 몸무게가 120그램밖에 되지 않는 북극제비갈매기에도 부착할 수 있을 만큼 아주 작은 송신기도 개발돼 있다. 이 송신장치 덕에 과학자들은 작지만 용맹스러운 이 새가 그린란드와 남극대륙 사이 7만 킬로미터의 거리를 매년 이동한다는 사실을 밝혀냈다. 이것은 이동하는 동물들 가운데 가장 긴 거리이다. 위성 추적 장치를 통해서는 백상아리 ^{white shark} 가 북태평양을 거쳐 매년 약 9600킬로미터를 이동하며, 북미산 순록은 퀘벡 북쪽의 숲과 툰드라 사이의 약 6000킬로미터를 매년 이동한다는 것도 알게 되었다. 그러나 아직도 전통적인 방식으로 연구하는 과학자들도 많이 있다. 이들은 동물들을 직접 관찰하고 기록하기 위해서 몇 달, 몇 년, 심지어는 평생을 바쳐 사막과 바다, 툰드라지대를 떠돈다.

과학자들의 이러한 열정과 헌신 덕택에 우리는 동물의 이동에 대해 이전보다 훨씬 더 많은 것을 알게 되었으며, 동물의 이동이 지구 생명체의 다양성에 얼마나 중요한지에 대해서도 깨닫게 되었다. 예를 들어 산란을 위해 매년 알래스카로 회귀하는 연어들이 줄어들게 되면 악상어 ^{salmon shark} 같은 연어 포식자는 물론이고 강에 사는 동물성 플랑크톤이나 숲도 타격을 받게 된다. 이들은 모두 이런저런 방식으로 산란기의 연어에 의존하고 있기 때문이다.

매일 이동하는 생물도 있다. 팔라우 섬의 소금호수에 사는 황금해파리 ^{golden jellyfish} 는 하루 한 번씩 호수를 오르내리는데, 과학자들은 이 작은 생물체가 호수의 물을 뒤섞음으로써 호수에 생명을 불어넣고 있다고 보고 있다. 해저에 사는

바다코끼리들이 베링 해협으로 이동하려고 모이고 있는 와중에 새끼 바다코끼리가 어미 곁에 꼭 붙어 있다. 이들은 봄에는 추크치 해를 향해 유빙을 타고 북쪽으로 이동하고, 겨울에는 얼음이 덮이지 않는 베링 해를 향해 남쪽으로 이동한다.

동물성 플랑크톤의 거대한 무리는 심해산란층으로 불리는데, 이들 역시 매일 밤 해수면으로 올라왔다 내려가는 이동을 한다. 과학자들은 이들이 탄소를 흡수함으로써 지구의 기후에 중요한 영향을 미치고 있다고 추측한다.

그러나 안타깝게도 인간의 손길에 의해 동물의 대이동이 위협을 받고 있다. 기후 변화, 도시와 농장의 확대, 가축과 사람의 증가 등으로 동물의 이동 경로가 중간에서 끊기거나 훼손되는 사례가 늘고 있다. 미국 와이오밍 주 초원에 사는 가지뿔영양pronghorn은 고속도로와 농장이 들어서는 바람에 이동하는 도중 자동차에 치어 죽거나 농장 울타리 철조망에 찔려 다치는 사례가 늘고 있다.

동물의 이동은 이동하는 동물들 자신의 생존에만 필요한 것이 아니다. 한때 미국의 대초원을 수놓았던 들소 떼들은 땅을 비옥하게 했고, 휘파람새warbler가 줄어들지 않았다면 곤충들이 지금처럼 극성을 부릴 만큼 번성하도록 내버려 두지 않았을 것이다.

독자 여러분은 이 책을 읽고서 지구상에서 일어나는 동물의 이동이 단순히 과학적인 현상이 아니라 지구의 모든 생명체가 연관된, 생존의 드라마라는 사실을 절감하게 될 것이다.

■
누 무리가 탄자니아 세렝게티 평원을 이동하던 중 튀어나온 바위를 타고 내려오고 있다. 누는 일 년 내내 거의 쉬지 않고 이동하는데, 비가 내리는 곳을 좇아 시계 방향으로 움직인다. 연간 이동 거리는 3000킬로미터나 된다. 일 년 중 유일하게 이동을 멈추는 때는 암컷들이 새끼를 낳는 늦가을 무렵의 2~3주 동안이다.

본능의

하늘을 나든 심해를 헤엄쳐 가든 육지를 달리든, 동물의 이동은 오직 생존을 위해서이다. 그들은 이동을 통해 자기 종을 유지하고 번식한다. 그들에게 이동 본능은 뼛속 깊이 새겨져 있어 어떤 위험도 무릅쓴다. 크리스마스 섬 홍게^{Christmas Island red crab}는 매년 바다를 향해 이동하지만 고생한 보람도 없이 개체 수가 줄어드는 결과를 빚기도 한다. 그럼에도 다음 해가 되면 또 같은 길을 어김없이 왕복한다. 모나크나비^{monarch butterfly}가 몇 세대에 걸쳐 멀고

대이동

먼 여행을 하는 것도 자기 종을 보존하기 위해서이다.

어떤 동물에게는 이동이 곧 삶이다. 그들은 죽을 때까지 계속 움직여야만 하는 운명을 타고났다. 수컷 향유고래 sperm whale 는 홀로 깊은 바다 속을 배회하다가 일정한 때가 되면 암컷과 새끼들을 만나 무리 지어 이동한다. 탄자니아 북부의 세렝게티에 사는 누 wildebeest 는 비가 내리는 곳을 찾아 끊임없이 대평원을 돌면서 이동한다.

백만 마리가 넘는 누wildebeest 무리가 탄자니아와 케냐에 걸쳐 끝없이 펼쳐진 세렝게티 마라Serengeti-Mara 대평원과 아카시아 사바나를 파도처럼 질주하고 있다. 몸매는 호리호리해서 달리기에 안성맞춤이지만, 얼굴에 난 수염은 왠지 옛날 중국 관리들을 연상시켜 몸매와 어울리지 않아 보인다. 그러나 그들의 얼굴에는 그 어떤 난관도 다 받아들일 것 같은 단호함이 서려 있다. 누는 생존을 위해 계속해서 달려야만 한다. 언제까지나 이동하는 것이 그들에게 주어진 생존 방식이다. 그들은 무리를 지어 이동하면서 짝을 짓고, 새끼를 낳고 그리고 죽음을 맞는다.

초원의 방랑자

누는 태양과 바람, 비와 대지가 한데 어우러진 이 광활한 지역에서 150만 년을 살아왔다. 이들은 비와 싱싱한 초원 지대를 찾아 쉼 없이 이동하는데 1년간 움직이는 거리가 3000킬로미터나 된다. 대지를 끝없이 왔다 갔다 하기 때문에 이들의 여정은 시작도 끝도 없다. 초식동물인 누는 매년 12월에서 다음 해 2, 3월까지 탄자니아의 세렝케티 국립공원 남쪽과 응고로고로Ngorongoro 야생동물 보호구역에 집결한다. 그 기간 동안 이 초원 지대에 단비가 내려 풀이 무성해지기 때문에 누 외에도 2500종이 넘는 동물들이 모여든다. 암컷은 2~3주의 짧은 기간 동안 새끼를 낳는데 그 수가 50만 마리나 된다. 이렇게 많은 새끼들을 낳지만 1년이 지나면 여섯 마리에 한 마리꼴로 살아남는다. 새끼는 태어난 지 몇 분 만에 자기 발로 일어서서 무리에 섞여 이동한다. 어미는 새끼에게 이렇게 가르친다. '머리를 숙이고 계속 걸어라!

무리에서 벗어나면 안 된다. 결코 한눈을 팔지 마라. 초원에는 사자, 치타, 하이에나, 들개들이 너의 목숨을 노리고 있기 때문이다.'

누는 시속 80킬로미터까지 달릴 수 있는 빠른 동물이지만, 시속 120킬로미터로 지상에서 가장 빠른 치타를 당하기에는 역부족이다. 특히 어린 누가 그들의 표적이 되기 쉽다. 치타만이 아니다. 사자도 있다.

사자는 대초원에 점처럼 박혀 있는 작은 언덕이나 바위 그늘에서 쉬면서 어두워지기만을 기다린다. 그때가 사냥의 적기이기 때문이다. 사자는 어둠을 이용해 풀을 뜯고 있는 누 무리에게 한 걸음 한걸음 신중하게 다가간다. 그러다 순간적으로 가장 약한 표적, 즉 병들거나 무리에서 떨어져 나왔거나 어린 것들을 향해 달려든다. 사자의 강한 이빨과 턱에 엉덩이를 물린 누는 그 자리에 쓰러지고 만다. 그 사이에 다른 무리들은 발소리를 요란하게 울리며

누 무리가 석양이 지고 있는 탄자니아 세렝게티 국립공원의 대초원을 먼지를 일으키며 달리고 있다. wildebeest는 네덜란드 인들이 붙인 이름으로, 영어로 wild beast(야생의 동물)라는 뜻이며, 누(gnu)는 아프리카 인들이 붙인 이름이다.

케냐에 있는 마사이마라 국립공원에서 치타 한 마리가 풀을 뜯고 있는 누와 얼룩말 무리 근처를 서성이고 있다.

포식자들은 주로 갓 태어나 제대로 걸음을 걷지 못하는 새끼 누를 표적으로 삼는다. 세렝게티 국립공원에서 어미 누가 갓난 새끼를 지켜보고 있다.

37

달아난다. 숨통을 끊은 사자는 양껏 배를 채우고는 자리를 떠난다. 그러면 하이에나와 독수리가 사자가 남긴 것들을 먹어 치운다.

사자에 대항하기 위해 누도 나름의 전략을 짠다. 병들거나 어린 것들을 무리의 가운데 두고 함께 뭉쳐 있는 것이다. 그렇게 되면 사자는 무리가 흩어질 때까지 기다려야 한다. 또 다른 전략은 가능한 짧은 풀이 나 있는 곳을 찾는 것이다. 그래야 시야를 확보해서 사자의 위치를 쉽게 알 수 있기 때문이다. 게다가 짧은 풀은 광물질이 많아 몸에도 좋기 때문에 일거양득이다. 세렝게티 지역은 아주 먼 옛날 플라이스토세 시대에 화산이 폭발해 화산재로 형성된 땅이다. (세렝게티는 마사이 족 말로 '영원한 땅'이라는 뜻이다.) 오랜 세월 비가 내린 결과 화산재에 있던 칼슘이 흘러나와 지표면 아래에 층을 형성하게 되었고, 이 칼슘층에 뿌리를 박고 짧은 풀이 자라기 시작했다. 그래서 키가 작은 풀에는 인燐이 다량 함유돼 있다. 인은 누의 성장에 필수적인 광물질이다. 그 풀을 먹고 자란 어미의 젖에 인이 들어 있어서 새끼도 자연스럽게 인을 섭취하게 된다.

세렝게티 평원을 따라 풀을 뜯으며 앞으로 나아가는 초식동물 중에는 누 외에도 얼룩말 약 20만 마리와 약 35만 마리의 톰슨가젤Thomson's gazelle이 있다. 이들 가운데 선봉대는 얼룩말이다. 얼룩말은 초식동물이지만 이빨이 튼튼해서 새잎이나 줄기가 나기 전의 거칠고 딱딱한 풀도 쉽게 뜯어 먹는다.

얼룩말이 한번 휩쓸고 지나가면 이번에는 커다란 입을 가진 누 무리가 새로 자란 풀을 먹으며 나아간다. 누는 엄청난 대식가여서 이들이 지나간 자리는 밥 한 톨 남지 않은 그릇처럼 깨끗하다. 그렇다고 이들이 공밥을 먹는 것은 아니다. 이들이 배설하는 똥과 오줌 그리고 침은 새로운 풀이 자라도록 비

료가 돼 주기 때문이다. 게다가 그들이 지나가면서 발굽으로 땅을 파기 때문에 땅을 갈아 주는 역할도 한다. 그래서 누의 뒤를 이어 톰슨가젤이 도착할 즈음이면 세렝게티 초원은 다시 녹색으로 뒤덮인다.

누 무리는 매년 대초원을 시계 방향으로 돌면서 이동하는데, 움직일 때는 한두 줄로 길게 늘어선 형태를 띤다. 누는 발굽에서 페로몬이 나오기 때문에 뒤에 오는 누는 풀에 묻은 그 흔적을 따라가기만 하면 된다. 이들은 3월에서 5월에 걸쳐 세렝게티 초원을 흠뻑 적시는 비를 갈망하기 때문에 번개나 천둥이 치는 방향 혹은 습한 냄새가 나는 쪽을 향해 이동한다. 이들은 본능적으로 비가 오고 나면 초원이 싱싱한 풀로 채워지고, 물을 마실 수 있는 웅덩이가 많아지리라는 것을 안다. 물론 그 오아시스에는 포식자들이 이미 눈치채고서 누들을 기다리고 있겠지만, 그렇다고 이 절호의 기회를 놓칠 수는 없다.

우기가 그치는 5월 말에서 6월 초가 되면 세렝게티 국립공원의 서쪽으로 이동한다. 또한 이 시기에 암컷들에게는 발정기가 찾아온다. 그러면 수컷들은 자기 땅을 확보하기 위해 서로 싸움을 벌이고, 암컷에게 구애를 펼쳐 짝짓기를 한다. 그러나 수컷들 사이의 싸움이 치열하지는 않아서 암컷들은 수컷의 영역을 자유롭게 오가면서 많은 수컷들과 관계를 맺는다. 새끼를 낳을 때

와 마찬가지로 발정기도 2, 3주로 짧은 편이다. 아프리카의 강렬한 태양이 대지를 불태우면 누들은 물과 풀이 없는 탄자니아의 세렝게티를 뒤로 한 채 서둘러 북서쪽으로 이동한다. 목적지는 케냐의 마사이 마라^{Maasai Mara} 국립공원. 이곳의 물과 풀은 누 무리가 건기를 무사히 보내도록 해줄 것이다.

하지만 그곳까지 가는 길에 가장 힘든 난관이 하나 기다리고 있다. 바로 마라 강이다. 무슨 연유인지는 아직 밝혀지지 않았지만, 누는 마라 강을 건널 때 몇 군데 여울만을 선택한다. 마라 강은 물살이 급하고 거칠기 때문에 매년 강물에 휩쓸려 익사한 수천 마리의 누 사체들이 몸이 부풀어 오른 채 강둑에 즐비하게 쌓여 있는 모습을 볼 수 있다. 그 뿐만이 아니다. 그들을 노리고 모여든 포식자들이 길목에서 기다리고 있는 것이다.

몸길이 6미터, 몸무게 680킬로그램이 넘는 나일악어^{Nile crocodile}는 230킬로그램에 불과한 누를 거뜬히 쓰러뜨린다. 그 큰 턱을 쩍 벌려서 역시 작지 않은 누의 머리를 꽉 문 채 놓아주지 않으면 누는 서서히 죽음을 맞이하게 된

다. 악어는 한입에 누의 몸 절반가량을 먹어 치우는 괴력을 뽐낸다. 마라 강의 악어들은 누 무리가 매년 이곳을 거쳐 이동하는 것을 알기 때문에 이 시기가 되면 배를 채울 꿈에 부풀어 길목을 찾아든다.

강물에 휩쓸려 떠내려가고 악어에게 물려 죽어 가면서도 누가 마라 강을 포기하지 못하는 것은 이 지역에서 1년 내내 물을 구할 수 있는 곳이 거기밖에 없기 때문이다. 하지만 최근에는 마라 강의 수원^{水源}인 케냐의 마라 숲이 과도한 벌목과 밀밭을 만들기 위한 농민들의 개발로 황폐해지는 바람에 강물의 수위가 크게 줄어들었다. 마라 강이 말라 버린다면 누의 생존도 큰 위험에 처하리라는 것은 불을 보듯 뻔하다.

또한 1년에 20만 마리가 넘는 누가 밀렵꾼들에 의해 사라지고 있고, 더 심각한 것은 누 무리의 이동 경로가 안전하지 않다는 점이다. 누의 이동 경로 중 일부는 국립공원에 속해 있어 보호받고 있지만, 국립공원을 벗어나면 농지 개발 등으로 철조망 울타리를 친 곳이 많아 이동에 방해를 받는 경우가 늘고 있다.

1950년대 독일 프랑크푸르트동물원 원장으로 있던 베른하르트 그르지메크^{Bernhard Grzimek}와 그의 아들 미카엘은 누의 대이동을 관찰하고 그들의 수를 알아보기 위해 경비행기로 세렝게티 상공을 여러 차례 비행했다. 아버지의 뜻을 이어받은 미카엘은 1959년 〈세렝게티는 죽지 않는다^{Serengeti Shall Not Die}〉라는 다큐멘터리를 촬영하던 도중 경비행기가 독수리와 충돌한 뒤 추락하는 바람에 세

■
치타는 누의 포식자들 중 하나이다(38쪽 왼쪽, 39쪽 오른쪽). 치타는 누의 다리를 먼저 문 다음 땅에 쓰러뜨린다(38쪽 오른쪽). 독수리들은 가만히 지켜보고 있다가 치타가 먹고 남긴 것들을 잽싸게 내려와 챙긴다(39쪽 왼쪽).

상을 떠나고 말았다. 그러나 그가 남긴 다큐멘터리는 야생동물을 다룬 고전이 되었고, 아프리카 야생 세계를 이해하는 데 큰 도움을 주었다.

그르지메크는 다큐멘터리와 같은 제목의 책에서 이렇게 말했다. "오직 자연만이 영원하다. 인간이 어리석게 그것을 파괴하지만 않는다면 말이다. ……앞으로 50년 뒤, 사자 한 마리가 붉은 빛이 감도는 새벽빛 속으로 늠름하게 걸어 들어가 땅을 흔드는 듯한 우렁찬 소리로 포효하는 모습을 본다면, 사람들은 가슴이 벅차오르는 감동에 젖어 몸둘 바를 모를 것이다. ……또한 끝없이 펼쳐진 초원을 따라 2만 마리가 넘는 얼룩말들이 달려가는 모습을 본다면, 이전에는 결코 느껴 보지 못한 무한한 경외심에 사로잡힐 것이다."

그르지메크는 앞으로 인간에 의해서 자연이 파괴되리라는 것을 알고 있었다. 비록 의도적인 것이 아닐지라도. 그가 세렝게티에 처음 도착했을 때 누들 사이에 전염병이 번져 개체 수가 크게 줄고 있었다. 우역rider pest이라고 불린 이 전염병은 1880년대 유럽에서 수입한 가축을 통해 동부 아프리카에 급속히 퍼져 몇 년 사이에 야생 물소와 누의 95퍼센트가 목숨을 잃었다. 가축도 마찬가지였다. 사냥감이 사라지자 굶주림에 지친 사자들은 사람을 제물로 삼기 시작했다. 게다가 세렝게티 초원을 끊임없이 이동하면서 흙을 갈아엎고 비료도 주던 초식동물이 사라지자 초원에는 풀 대신 잡목이 자라고 덤불이 생기게 되었다. 전염병이 번진 지 70년이 지나 면역예방주사가 개발되면서 지옥 같은 상황은 멈추었다. 그 결과 1961년에 22만 마리에 불과했던 누는 1975년에는 140만 마리까지 늘었다. 누는 오늘날 케냐와 탄자니아 초원을 누비는 야생동물 가운데 가장 수가 많은데, 100~120만으로 추정하고 있다.

육상동물 가운데 가장 큰 규모로 이동하는 누는 충분히 넓은 공간을 필요로 한다. 하지만 갈수록 여의치 않다. 환경운동 단체들과 정부가 이동 경로를 확보하기 위해 애쓰고 있지만, 이 지역에 개발이 진행되면서 점점 힘겨운 싸움이 되고 있다. 이를 알 리 없는 누는 오늘도 대지를 적시는 비를 좇아서 끝나지 않을 이동을 계속하고 있다.

얼룩말은 보통 누와 함께 움직이는데, 무리에서 벗어나면 항상 위험이 도사리고 있다. 이들은 사자의 표적이 되기 쉬워 항상 경계하면서 재빨리 달아날 준비를 하고 있어야 한다(위). 얼룩말은 빽빽하게 무리 지어 움직이는 누 속에 섞여 있으면 안전하다는 걸 알고 있다(43쪽).

누가 케냐의 마라 강을 건널 때는 위험이 도사린다. 나일악어들이 건널목에서 줄지어 기다리고 있기 때문이다.

나일악어가 물속에서 솟아오르며 공격을 가하면 누는 혼비백산해 정신없이 강을 건넌다.

인도네시아 자바 섬 남쪽으로 350여 킬로미터 떨어져 있는 크리스마스 섬은 거대한 인도양에 한 점의 점처럼 떠 있다. 이 한적한 섬이 매년 11월이 되면 빨간 색으로 뒤덮이면서 비경을 연출한다. 마치 섬 전체가 꿈틀거리면서 불타오르는 듯하다. 하늘에는 장마 구름이 몰려들고 땅은 습기가 축축하게 스며들면서 우기가 시작되는 이때, 홍게red crab 수백만 마리가 순례에 나서는 것이다. 물론 그 긴 여행은 대개 파국으로 끝나지만, 그런 것쯤 전혀 개의치 않는다는 태세다.

바다로 행진

홍게는 크리스마스 섬 중앙에 있는 고원지대의 숲에서 작은 굴을 파고 산다. 숲에 떨어진 나뭇잎과 꽃, 관목이 그들의 주식이다. 대신 그들이 내놓는 배설물은 거름이 되어 땅을 기름지게 하고, 그들이 파는 굴은 흙을 뒤엎는 역할을 한다. 홍게에게는 습기가 아주 중요하다. 그래서 건기에는 굴 입구를 나뭇잎 등으로 덮은 채 거의 나오지 않는다. 2, 3개월간 그런 식으로 마치 동면하듯이 지낸다.

그러다 10월 말에서 11월 초에 우기가 시작될 조짐이 보이면, 밖으로 나와 바다를 향해 이동할 준비를 한다. 홍게의 대이동은 비가 내리는 것과 동시에 시작되지만, 호르몬도 중요한 역할을 하는 것 같다. 우기에는 이들 몸에서 특별한 호르몬이 배출되는데, 이것은 포도당을 만드는 데 기여한다. 고된 여정을 앞두고 홍게들에게 에너지를 채워 주는 것이다.

홍게들은 고원의 숲에서 경사면을 따라 약 200미터를 내려온 뒤 북서쪽 해안을 따라 달린다. 물론 목적지는 바닷가다. 이동 경로는 매년 똑같다. 과학자들은 그들이 어떻게 매년 정확히 같은 길을 지나가는지 연구해 왔지만 아직 답을 얻지 못했다. 몸 안에 특정한 방향의 빛이나 자기장을 감지할 수 있는 감각기관이 있거나, 아니면 자신들만 알 수 있는 안내판 같은 것이 이동 경로 중에 있는 것이 아닐까 추측할 뿐이다.

행진의 선두에는 폭이 15~18센티미터나 되는 덩치 큰 수컷이 자리 잡는다. 가장 나이가 많은 축에 드는 이들은 10년 넘게 같은 여행을 해 왔기 때문에 자신들이 태어났던 곳, 즉 바다로 가는 지름길을 훤히 꿰고 있는 것처럼 보인다. 이들 선두 그룹은 하루 중 가장 선선할 때, 즉 이른 아침이나 늦은 오후에 대오를 이끌고 움직인다. 뜨거운 햇볕은 이들의 적이다. 금방 탈수증상이 나타나기 때문이다. 이들은 열기를 피하는 법을 본능적으로 알고 있지만, 자동차나 트럭을 피하는 법은 배우지 못했다. 그래서 섬에 들어온 자동차 바

홍게들은 우기가 되어 짝짓기와 산란을 위해 해변으로 이동하기 전까지는 습기가 있는 작은 굴에서 홀로 건기를 보낸다.

홍게들은 짝짓기를 위해 해안으로 이동할 때 많은 난관을 거치게 된다. 그중에는 철길을 건너는 것이나 가파른 절벽을 내려가는 것도 포함된다.

51

퀴에 깔려 죽는 홍게들이 굉장히 많다. 정부에서 '조심! 홍게 횡단'이라는 팻말을 도로에 내걸고, 도로 밑으로 홍게들이 지나갈 수 있도록 터널도 만들어 놓았지만 자동차 사고로 귀향길이 황천길이 되는 홍게는 여전히 적지 않다.

그런데 자동차보다 더 치명적인 적이 있으니, 바로 근래 섬으로 유입된 노랑미친개미yellow crazy ant이다. 아프리카가 원산지인 이들은 확인되지 않은 어떤 경로를 통해 태평양과 인도양의 일부 섬에 '침공'해 들어왔다. 이들은 '사납고 조직적인 킬러 집단'이다. 홍게의 눈이나 입에 포름산을 내뿜어 순간적으로 마비시킨 뒤 집단적으로 공격을 가한다. 이들 앞에서 홍게는 맥을 못 춘다. 개미의 대공습으로 홍게는 30년 사이에 절반가량 줄어들었다. 노랑미친개미는 작은 벌레든 덩치가 큰 동물이든 불문하고 무차별 공격을 가하기 때문에 이들로 인해 섬의 생태계가 큰 위험에 처했다.

홍게가 이동하는 속도는 비에 따라 좌우된다. 우기가 제때 시작돼 비가 제대로 내려 주면 느긋하게 여유를 부리면서 걷다시피 한다. 하루에 800미터도 못 갈 때가 많다. 하지만 요즘처럼 지구 온난화로 우기가 늦게 시작되면 달리기 경주를 하듯 미친 듯이 달린다. 바다에 도착할 때까지 비를 만나지 못하면 탈수 때문에 기진맥진해 결국 죽어 가게 될 것이다.

비가 적절히 내려 줄 때 선두에 선 수컷들이 바다에 도착하는 데 걸리는 기간은 약 1주일이다. 목적지인 북서쪽 해안에 도착하면 가장 먼저 파도나

젖은 모래, 물웅덩이 등에서 습기와 소금을 취한다. 그런 다음 땅으로 올라와 작은 굴을 판다. 짝짓기를 위해 '신방'을 차리는 것이다. 이 과정에서 서로 넓은 땅을 차지하려고 수컷들끼리 혈투를 벌이다가 죽는 경우도 있다. 하루나 이틀이 지나면 암컷들이 도착한다. 이들 역시 수분과 소금을 듬뿍 취한 뒤, 수컷의 구애를 받고 그들이 차려 놓은 신방으로 향한다.

짝짓기를 끝낸 수컷은 암컷을 남겨 둔 채 숲으로 다시 돌아간다. 교미 후 사흘이 지나면 암컷은 한 마리당 약 10만 개의 알을 낳고, 알주머니에 알을 품은 채 12일가량 더 굴에서 머문다. 그러다 하현달이 시작되는 무렵(음력 22일 전후) 굴에서 나와 바다로 향한다. 이들이 하현달 때 나오는 것은 이때가 밀물과 썰물의 차이가 가장 작기 때문이다. 어스름한 어둠 속에서 해안선 가까이 모인 암컷들은 서로의 몸 위로 차곡차곡 올라가, 타오르듯이 붉은 큰 무더기 모양을 이룬다. 또한 그들에게서는 어린 새 울음 같은 기묘한 소리가 난

■
이동하는 동안 홍게들은 가파른 절벽을 만나는데(위), 이때 잘못 헛짚는 바람에 떨어져 죽는 경우도 많다. 해안에 도착하면(아래) 짝짓기에 들어가기 전에 먼저 파도나 물웅덩이 쪽으로 달려가 몸부터 적신다(53쪽).

불룩한 알주머니를 한 암컷 홍게들은 달빛이 비치는 밤에 언덕을 내려와 바다에 알을 풀어 놓는다.

부화된 알 중에는 극히 일부만이 살아서 숲으로 돌아간다. 거의 대부분은 파도에 휩쓸리거나 포식자들에게 먹혀서 살아 돌아오지 못한다.

다. 이윽고 한밤에 만조가 시작되면 파도를 향해 다가간 다음 흡사 배꼽춤을 추듯이 몸을 흔들어 댄다. 그러면 알이 깨지면서 유생幼生들이 몸 밖으로 쏟아져 나와 파도에 쓸려 간다. 수많은 암컷들이 '배꼽춤'을 추어 대는 이 놀라운 광경은 5~6일에 걸쳐 밤마다 이루어진다. 어떤 암컷들은 6미터 높이의 절벽으로 올라가 알을 풀어놓기도 하는데 이때 잘못해서 절벽에서 떨어져 죽는 비극적인 경우도 있다.

비극은 계속된다. 파도에 실려 바다로 나간 수백만 개의 유생들은 고래상어나 가오리 같은 물고기들의 밥이 된다. 그 거친 바다에서 25일 정도를 버텨 내야만 새우를 닮은 작은 새끼가 되고, 다시 해안에서 하루나 이틀을 더 보내야 온전한 성체가 된다. 이때 몸 크기는 0.5센티미터 정도밖에 되지 않는다.

그럼 과연 부화된 알이 살아남는 확률은 얼마나 될까? 대개의 경우 생존율은 제로다. 온갖 위험을 무릅쓰고 번식을 위해 그 먼 거리를 이동해 왔건만 허무하게 끝나 버리는 것이다. 그러나 10년에 한두 번은 성공적으로 순례가 이루어져 수백만 마리의 새끼들이 살아남는다. 이들은 마치 정복자의 군대처럼 위풍당당하게 숲으로 향한다. 이처럼 한 번씩 엄청난 수의 새끼들이 생존해 주기 때문에 홍게가 계속 종을 유지하고 있는 것이다.

■

포식자들로부터 살아남는 홍게 유생은 아주 적다. 유생은 금방 성체가 되어서(위) 숲을 향해 나아가기 시작한다(오른쪽).

56

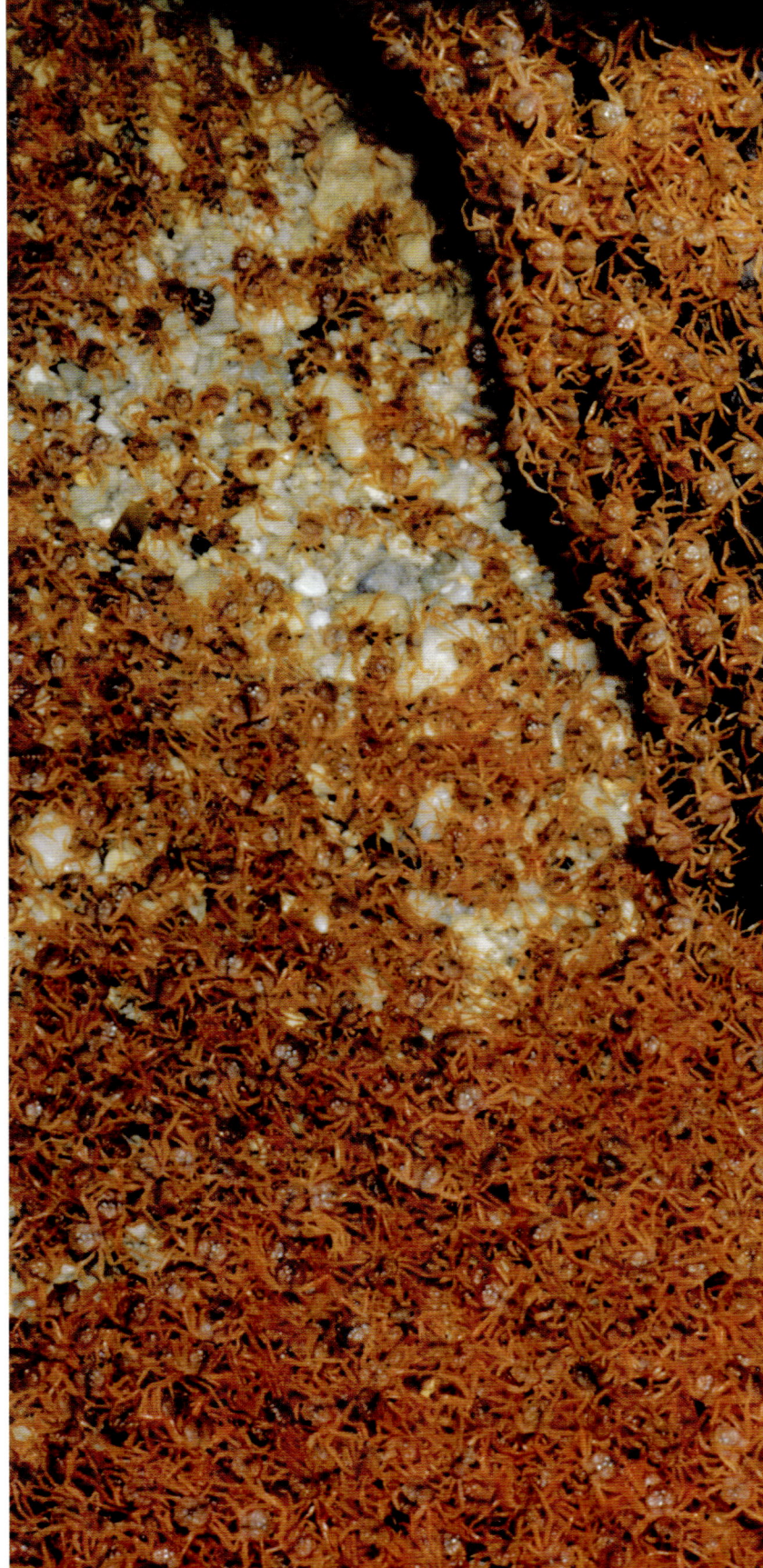

모나크나비 monarch butterfly도 매년 대서사시를 쓴다. 세대를 이어 가며 펼쳐지는 이 장대한 모험극의 무대는 멕시코 화산 지대의 초원과 숲이다. 물론 그들 앞에는 굶주림과 갈증, 추위 같은 고전적인 위험들이 도사리고 있다. 때로는 서로를 잡아먹는 일이 벌어지기도 한다. 어찌되었든 몸무게가 0.3그램밖에 되지 않는 연약한 생명체가 생존을 위해 3200킬로미터나 되는 먼 거리를 날아가는 행위는 가히 영웅적이고, 그래서 자못 감동적이다. 우리 주변의 뒷마당이나 논밭 위를 팔랑팔랑 날아다니는 모나크나비에게 그런 드라마가 숨어 있을지 누가 짐작이나 했겠는가!

나비의 기적

모나크나비의 드라마는 박주가리 milkweed가 없으면 쓰일 수가 없다. 박주가리는 그들의 생명줄이나 다름없다. 암컷 모나크나비는 박주가리 이파리에 알을 낳고, 애벌레는 박주가리를 먹고 자란다. 박주가리가 없었다면 모나크나비라는 종 자체가 살아남지 못했을 것이다.

이른 봄, 텍사스 주 곳곳에서는 박주가리들이 싹을 틔우기 시작한다. 그러면 멕시코에서 날아온 암컷 모나크나비들이 알을 낳기 위해 몰려든다. 암컷은 한 마리당 약 200개의 알을 낳는다. 그들은 알들을 가능한 서로 다른 박주가리에 따로따로 낳는다. 알 속에서 애벌레가 자라는 데는 약 나흘이 걸린다. 나흘 뒤 애벌레는 알을 깨고 나와 조금씩 움직이기 시작한다. 애벌레는 아직 부화되지 않은 알을 만나면 먹어 치워 버린다. 그래서 암컷이 서로 다른 박주가리 이파리에 알을 낳으려는 것이다. 물론 애벌레의 주식은 박주가리다. 박주가리는 포식자들로부터 모나크나비를 보호하는 역할도 한다. 박주가리의 수액에 들어 있는 글리코시드 glycoside는 다른 동물에게는 독소로 작용하기 때문에 이것을 먹고 자란 모나크나비에게 감히 접근하지 못하는 것이다.

박주가리를 잔뜩 먹고 덩치를 키운 애벌레는 2주 뒤 껍질을 벗고 녹색의 번데기가 된다. 번데기는 명주실을 통해 나뭇가지나 풀잎, 처마 밑 같은 데 매달려 지낸다. 번데기는 몸 안에서 말 그대로 자신을 완전히 녹여 세포들을 이리저리 섞음으로써 나비 성체로 태어나게 된다. 성체로 되기 직전, 투명한 번데기 껍질 안에 나비의 형태가 갖추어져 있는 걸 볼 수 있다. 그 몇 분 뒤 껍질을 뚫고 나비 한 마리가 훨훨 날아오르는데 경이로운 모습이 아닐 수 없다.

■

모나크나비 애벌레는 포식자들이 싫어하는 독소가 든 박주가리를 먹음으로써 자신을 보호할 수 있다.

두 번째 단계인 번데기는 투명한 껍질 속에서 점점 자라 마침내 성충이 되어 날아오를 채비를 한다.

여름이 오면 새로 태어난 세 번째 세대 모나크나비는 번식하기에 좋은 온화한 지역을 찾아 북동쪽으로 이동을 한다. 일부는 남부 캐나다 쪽으로 방향을 잡기도 한다.

박주가리의 독성 물질 때문에 모나크나비는 포식자들로부터 비교적 안전한 편이다. 하지만 모나크나비가 먹는 박주가리 중에는 독성이 없는 경우도 있어 가끔 공격을 받기도 한다. 그중 대표적인 포식자가 사마귀다. 사마귀는 나뭇가지에 앉은 모나크나비가 전혀 공격의 낌새를 채지 못하도록 한눈을 파는 척하다가 전광석화처럼 달려들어 한입에 먹어 치운다.

가을이 되어 대기가 차가워지면 네 번째 세대는 번식을 멈추고 몸에 에너지를 축적하기 시작한다. 대이동의 대미를 장식하기 위해서이다. 10억 마리가 넘는 나비들은 이제 대대로 내려오는 고향인 멕시코를 향해 남쪽으로 긴 여행을 떠나야 한다. 태양을 나침반 삼고, 지구 자기장을 항법장치로 삼아 3200킬로미터나 떨어진 멕시코 미초아칸^{Michoacán} 주의 작은 숲으로 정확히 찾아가게 된다.

이들은 긴 여행길에서 버틸 수 있도록 여러 꽃에서 꿀을 얻어 몸에 저장한다. 채집한 꿀은 몸속에서 지방으로 바뀌어 축적된다. 그 에너지로 먼 길을 가고 겨울도 나게 된다. 하지만 꿀의 무게 때문에 날갯짓하는 게 그만큼 더 힘들어질 수 있다. 그래서 모나크나비는 바람의 방향에 예민하다. 방향이 맞는 바람을 타기만 하면 별 힘들이지 않고 나아갈 수가 있기 때문이다.

모나크나비가 얼마나 빨리 날아가는지

는 이처럼 바람과 기온에 달려 있다. 또한 중간에 꽃들에서 꿀을 얼마나 잘 얻을 수 있는지도 중요한 변수다. 하루 평균 45킬로미터를 가는 것으로 알려져 있다. 거의 무게가 없을 것처럼 보이는 그 섬세한 생물이 하루에 그 정도 거리를 날아간다니 얼마나 놀라운가!

이들은 어디에서 겨울을 날까? 많은 과학자들이 의문을 갖고 뒤를 쫓았지만 1970년대 중반까지만 해도 미스터리로 남아 있었다. 선명한 무늬를 가지고 있는데다, 수억 마리나 되는 나비들이 움직이기 때문에 눈에 쉽게 뜨일 것 같은데 그들을 추적하는 것은 쉽지 않았다. 과학자들은 그들이 열대나 아열대 지역에서 겨울을 날 것이라고 추측만 할 뿐 정확한 지역을 찾지 못했다.

20세기 중반 캐나다 곤충학자인 프레드 어쿠하트^{Fred Urquhart}가 색다른 방식을 시도했다. 그는 지원자들을 모집해 토론토 근처에서 나비 수천 마리를 잡은 다음 날개에 아주 작은 하얀색 테이프를 붙여 식별 표시를 하고 풀어 주었다. 테이프에는 '발견하신 분은 이 나비를 캐나다의 토론토박물관으로 보내 주세요'라는 글귀가 쓰여 있었다. 되돌아온 나비들을 분석한 결과 그는 몇 가지

■
모나크나비의 독성 물질에 아랑곳하지 않는 사마귀(왼쪽)는 한입에 모나크나비를 먹어 치운다(오른쪽). 거미도 사마귀와 마찬가지로 모나크나비를 거미줄로 낚아 잡아먹는다(63쪽).

사실을 알아낼 수 있었다. 우선 북아메리카에는 두 집단의 모나크나비가 있다는 점이었다. 한 집단은 주로 로키 산맥 서쪽에 서식하며, 중부 캘리포니아 해안, 특히 몬트레이의 퍼시픽 그로브에서 겨울을 난다는 사실을 밝혀 냈다. 이에 반해 봄에서 초가을까지 텍사스를 비롯한 미국 동부 평원을 수놓는 집단은 서쪽 집단보다 훨씬 수가 많은데, 어디서 겨울을 나는지는 알아내지 못했다.

어쿠하트 박사는 되돌아온 나비 중 한 마리가 멕시코에서 발견된 점에 착안했다. 그는 아내 노라와 함께 멕시코로 건너가 사람들을 만나 모나크나비 무리를 보지 못했는지 묻고 다니는 한편, 초등학생부터 아마추어 곤충 마니아까지 지원자들을 모았다. 1974년 미국인 엔지니어로 멕시코시티에서 살고 있던 켄 브루거Ken Brugger가 지원자에 합류하면서 추적 작업이 활기를 띠기 시작했다. 모터사이클 운전에 능했던 그는 멕시코의 높은 산들을 비롯해 구석구석을 훑고 다녔다. 마침내 그는 미초아칸 주의 앙강게오Angangueo에 모나크나비 서식지가 있다는 것을 알아냈다.

1976년 겨울, 어쿠하트 박사 부부는 그를 따라 높이 3000미터가 넘는 산을 지프를 타고 올라갔다. 눈발이 날리고 기온도 낮았다. 과연 이런 악조건 속에서 그 하늘하늘한 나비들이 겨울을 나려고 할까? 박사는 올라가는 내내 의구심이 떠나지 않았다. 그런데 어느 순간, 박사는 자기 눈을 믿을 수가 없었다. "오, 이 나비들! 수백만 마리의 모나크나비! 그들은 나뭇가지마다, 키 큰 오야멜oyamel 나무의 줄기마다 빽빽하게 달라붙어 있었다. 또한 그들은

■

백만 마리가 넘는 모나크나비 무리들이 멕시코 숲의 오야멜 나무에 붙어 있다(위). 봄에 북쪽을 향해 이동하기 전에 모나크나비들은 나무에서 떨어져 나와 짝짓기를 한다(65쪽).

가을의 낙엽처럼 공기 중에 흩날리고 있었다." 그 숫자가 얼마나 많던지 햇볕을 가릴 정도였다. "그것은 마치 거대한 페르시아 융단을 펼쳐 놓은 것 같았다." 그곳이 바로 모나크나비의 겨울나기 장소였던 것이다. 하지만 그들은 도대체 왜 이런 척박한 지역을 선택한 것일까?

답은 간단했다. 멕시코의 겨울 숲은 춥지도 덥지도 않은, 모나크나비에게는 적당한 온도여서 몇 달간의 겨울을 지내기에는 안성맞춤이었던 것이다. 기온이 낮으면 몸 안에서 지방이 서서히 타기 때문에 신진대사가 천천히 이루어지는 이점이 있다. 물론 적당히 낮아야 한다. 그 높은 산속의 숲에서 그들이 느끼는 가장 큰 위협은 개울물을 마시러 갔다가 새들에게 먹히는 것 정도였다.

2월 중순이 되면 이들은 서서히 기지개를 켠다. 수컷들은 짝지을 채비를 한다. 3월이 되면 짝짓기는 절정에 이른다. 그러다 이른 봄이 되면 이들은 북동풍을 타고 대이동을 시작해 텍사스 주에 도착하게 된다. 3월 말에서 4월 초 무렵이다. 박주가리는 싹을 틔우고 암컷들은 알을 낳는다. 이렇게 해서 다시 한번 왕복 6400킬로미터에 이르는 대장정의 첫발을 내딛게 되는 것이다.

그런데 현대 문명은 다른 동물과 마찬가지로 모나크나비의 생존도 심각하게 위협하고 있다. 멕시코 숲에서 이뤄지는 대규모 불법 벌목은 이들의 겨울나기 터전을 훼손하고 있다. 또한 이들이 즐겨 먹는 박주가리도 급격히 줄고 있다. 제초제를 남용하고 개발에 밀려 논과 밭이 줄어들고 있기 때문이다. 유전자조작이 된 곡물 가루가 묻은 박주가리를 먹고 나비의 애벌레가 죽는 경우도 있다. 지금은 모나크나비와 박주가리가 아슬아슬하게 균형을 이루고 있지만 언제라도 순식간에 무너질 수 있는 형편이다.

모나크나비의 세계적인 전문가인 링컨 브라우어 Lincoln Brower는 "수백만 마리의 나비가 하늘을 가로지르는 그 장엄한 광경이 이제는 하나의 전설이 돼 버리는 게 아닐까?"라며 우려를 금치 못한다. 자연이 연출하는 가장 눈부신 장면 중 하나인 모나크나비의 대이동! 그것마저 사라지도록 방치한다면 자연에 너무나 큰 죄를 짓는 것이 아닐까?

■

대이동 중인 모나크나비들이 아이오와 주에 있는 해바라기에 앉아 쉬고 있다(66쪽). 해가 비치자 모나크나비 한 마리가 다시 날아올라 여행을 계속하고 있다(위). 해의 위치는 수천 킬로미터를 여행하는 모나크나비에게 중요한 항법장치이다. 곤충학자들은 태양뿐 아니라 지구의 자기장도 모나크나비가 이동 경로를 제대로 찾아가는 데 도움을 주는 것으로 믿고 있다.

수백만 마리의 모나크나비들은 캐나다로부터 4000킬로미터를 날아와 늦가을에 멕시코 남부지역에 도착한다.

멕시코 미초아칸 주에 있는 산에서는 모나크나비들이 오야멜 나무에 무리 지어 붙어서 겨울을 나는 것을 볼 수 있다.

향유고래sperm whale는 극한의 동물이다. 그는 극한의 세계를 배회한다. 향유고래는 세계에서 뇌가 가장 크고 가장 무시무시한 포식자다. 그는 진정한 의미에서 3차원의 세계에 산다고 할 수 있다. 수직으로 움직였다가 수평으로도 움직이고, 세계의 끝까지 왔다 갔다 한다. 향유고래는 일생의 4분의 3을 어두컴컴한 심해에서 높은 압력을 받으면서 살아간다. 가끔은 먹이를 찾아 3킬로미터 깊이까지 잠수해 들어가기도 한다. 허먼 멜빌은 향유고래를 다룬 〈백경〉에서 이렇게 썼다. "지구의 밑바닥을 헤엄쳐 온 끝에 해면으로 솟아오른 향유고래의 머리 위로 뜨거운 태양이 빛나고 있었다."

바닷속 깊숙이

이 거대한 바다 포유동물도 다른 생물들과 마찬가지로 지구의 시간을 충실히 따르는 것처럼 보인다. 왜냐하면 향유고래는 1년에 딱 한 번, 혼자 떠도는 것을 멈추고 더 따뜻한 물이 있는 곳을 향해 이동하기 때문이다. 그곳에는 암컷과 새끼들이 무리를 지어 살고 있다. 수심 깊은 곳으로부터 서서히 떠오르면서 수컷은 자신의 존재를 사방에 알리듯이 느릿한 '소리'를 연속적으로 낸다. 이 특유한 소리는 워낙 커서 암컷 고래가 50킬로미터 이상 떨어진 곳에서도 들을 수 있을 정도이다. 동물들이 내는 소리 가운데 가장 크다고 알려져 있다.

이 소리는 코에서 나온다. 향유고래는 코가 어마어마하게 커서 몸 전체 길이의 4분의 1가량 되며, 밀랍으로 가득 찬 경뇌spermaceti를 둘러싸고 있다.

어떤 소리는 특별한 패턴을 띠고 있어 향유고래들이 이를 통해 소통하는 것으로 짐작된다. 하지만 과학자들은 아직도 정확히 어떤 식으로 커뮤니케이션을 하는지 알아내지는 못했다. 다른 고래들이나 선박의 위치를 알려 주는 것인지, 다른 수컷들을 물리치기 위한 것인지, 또는 암컷들에게 과시하기 위해서 자신의 몸 크기를 알리는 것인지.

소리의 목적이 무엇이든 암컷들이 듣는 것은 확실하며 그래서 소리가 나면 수컷이 도착하기를 기다린다. 수컷은 길이가 18미터, 몸무게 50톤가량으로 암컷보다 30퍼센트 정도 더 크다. 소설 〈백경〉에서는 향유고래가 사납고 공격적인 동물로 그려졌으나 실제로는 암컷이나 새끼 고래들에게 매우 다정하게 대한다.

향유고래에게는 해저가 편안한 고향과 같다. 향유고래는 하루의 4분의 3을 수심 3킬로미터까지 잠수해 들어가 먹이를 찾으며 보낸다.

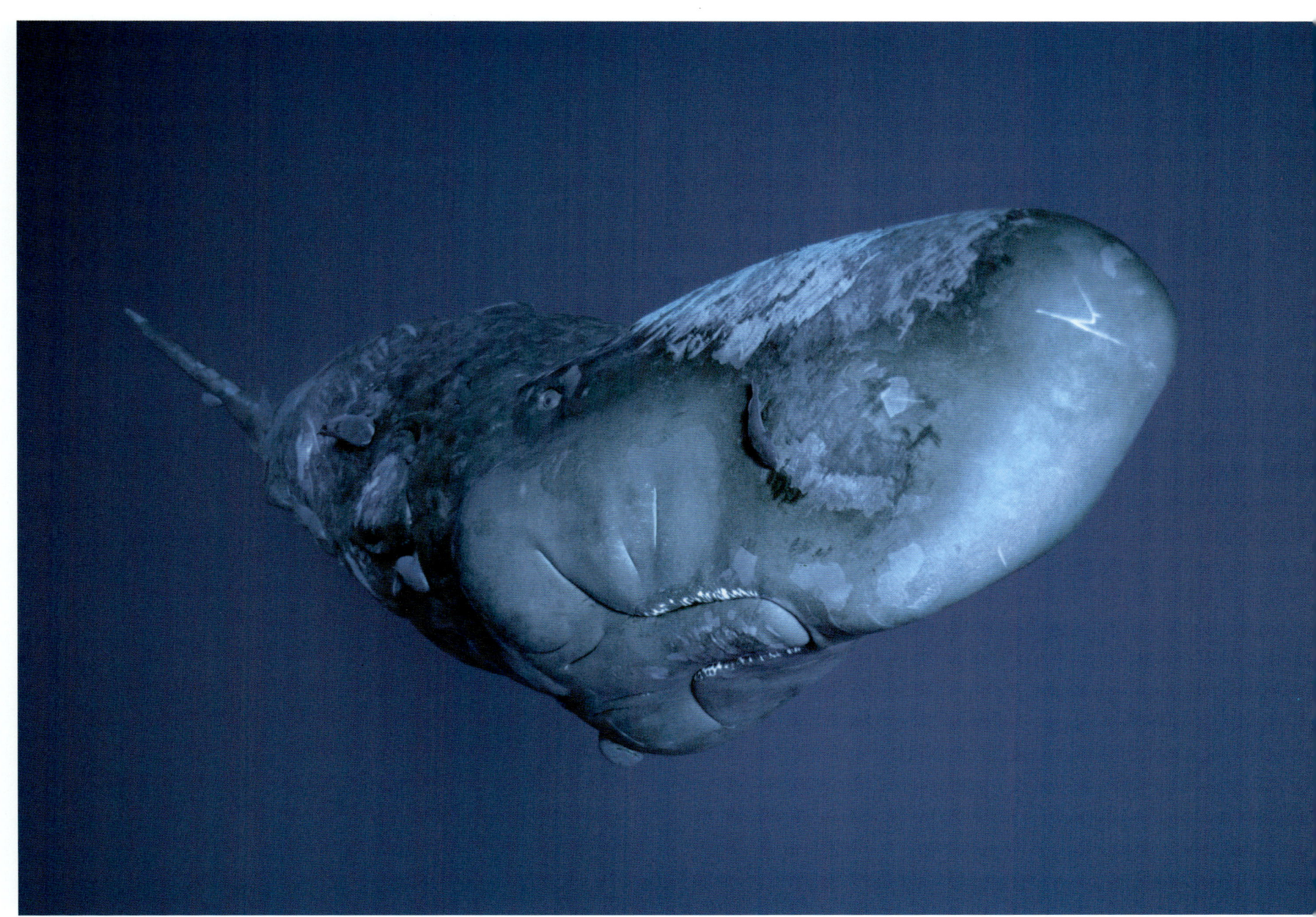

향유고래 두 마리가 수면 근처에서 헤엄을 치고 있다. 멕시코의 칼리포니아 만 상공에서 항공 촬영한 것이다.

새끼를 데리고 다니는 암컷 고래들은 도니미카 인근의 카리브 해에서 풍부한 먹이를 발견한다. 번식 기간 동안에는 수컷(오른쪽)은 암컷에게 코를 비비며 애정 표현을 자주 한다.

암컷과 새끼들은 수컷 등에 올라타고 뒹굴면서 장난을 치기도 한다. 또한 수컷은 그 큼지막한 턱으로 새끼를 살짝 깨물면서 애정을 나타내기도 한다. 다른 수컷들이 훼방을 놓거나 공격을 하지는 않는 것으로 보인다. 수컷들끼리 싸우는 경우는 매우 드물고 간혹 있더라도 금방 끝난다. 새끼 고래들도 서로 싸우기보다는 몸을 비비면서 정답게 노는 모습을 자주 볼 수 있다.

대부분의 시간을 홀로 보내는 수컷과 달리 암컷과 새끼 고래들은 다른 '가족'들과 사이좋게 지낸다. 암컷들은 새끼들과 함께 20~30마리씩 무리 지어 다니면서 다른 '자식'들에게 먹이를 주기도 하고 돌봐 주기도 한다. 아직 어려서 보호가 필요한 갓 태어난 새끼가 있을 때는 암컷은 먹이를 구하러 잠수하는 대신 새끼와 함께 해수면 근처에서 지낸다.

포경 활동이 금지되기 전에는 고래잡이들이 향유고래에게 가장 위협적인 적이었다. 고래잡이들은 고래기름과 경뇌를 얻기 위해 마구잡이로 사냥했다. 하지만 금지 조치가 내려지면서 향유고래의 유일한 적수는 고래 킬러인 범고래이다. 향유고래와 마찬가지로 암컷 범고래들은 같은 친족들끼리 무리 지어 생활하며 사냥 실력도 꽤 뛰어나다. 조직화가 잘 돼 있기 때문에 자기들보다 덩치가 훨씬 큰 고래도 쫓아가서 공격을 한다.

물론 향유고래도 범고래 못지않은 포식자이다. 그들이 1년간 먹는 양은 전 세계의 1년간 어획량과 비슷할 정도로 엄청나다. 날카로운 이빨을 가진 향유고래는 하루의 4분의 3을 먹이 사냥을 하면서 보내는데, 심해에 사는 큰 오징어와 문어가 주식이다. 나머지 4분의 1은 해수면 근처에서 함께 무리 지어 서로 코를 비비거나 몸을 스치면서 즐겁게 보낸다.

암컷 향유고래는 4년에 한 번꼴로 새끼를 낳고 약 20년간 임신이 가능하다. 그래서 새끼의 양육에 각별히 신경을 쓴다. 향유고래의 유년기는 10년 정도로 꽤 긴 편이다. 수컷은 열 살 정도가 되면 가족으로부터 독립을 한다. 그러나 암컷은 나이가 차도 무리를 떠나지 않으면서 다음 세대를 잉태하기 위한 준비를 한다.

무리에서 나온 수컷은 북극이나 남극 같은 차가운 물을 향해 헤엄쳐 가기도 하고, 가끔은 느슨하게 연결된 '총각' 집단에 섞여 떠돌아다니기도 한다. 하지만 좀 더 나이가 들면 완전히 홀로 다니는데, 1년간 여행하는 거리가 수만 킬로미터가 넘는다. 수컷의 수명이 50~60년이기 때문에 평생 160만 킬로미터를 떠다니는 셈이 된다. 그러나 언제나 때가 되면 1년에 한 번 따뜻한 물과 암컷과 새끼들이 기다리는 곳으로 이동한다.

■
새끼 향유고래는 어미에게 붙어서 지낸다(위). 새끼는 10년이 지나야 독립을 한다. 암컷 고래들과 새끼 고래들이 먹이를 구하러 물속에 들어갔다가 수면에 다시 모여든 모습(75쪽).

현재 얼마나 많은 향유고래가 대양을 떠돌고 있는지 정확한 숫자는 알려져 있지 않다. 그러나 1987년 포경이 금지된 이후 수가 늘어난 것만은 분명하다. 과학자들은 약 100만 마리가 존재하지 않을까 추정하고 있다. 포경 금지 이전에는 포경선들이 값이 많이 나가는 경뇌를 얻기 위해 덩치가 큰 고래들을 집중적으로 포획했다. 그 결과 암컷과 어린 고래들이 모여 있는 산란장으로 돌아오는 수컷의 수가 줄면서 향유고래 전체의 숫자도 급격히 감소했다. 새끼를 낳지 못하니 당연한 것이었다. 그러나 포경 금지 이후 수컷들이 다시 돌아오고 있다.

지난 30년간 향유고래를 추적하고 이해하는 데 평생을 바친 헌신적인 과학자들 덕분에 이 불가사의한 생물을 이전보다는 좀 더 잘 이해하게 되었다. 향유고래에게 무선장치를 달아 이동 경로를 밝혀 내거나, 수중청음기를 통해 그들이 내는 소리를 규명하려는 작업도 이루어지고 있다. 그렇지만 아직 많은 부분이 미지의 영역으로 남아 있다.

■

새끼와 함께 헤엄을 치고 있는 어미 향유고래. 이런 하얀색 향유고래는 극히 드물다. 아마 선천적으로 색소결핍증에 걸린 경우일 것이다(왼쪽). 성장기가 거의 끝난 수컷 향유고래가 차가운 북쪽 바다에서 멋진 다이빙을 하고 있다(위).

번식의

영국 시인 바이런은 "생명의 번식은 얼마나 요상한 것인가!"라고 한탄했지만, 사실 번식은 생명의 존재 이유이다. 번식의 계절이 오면 암컷은 새끼를 지키기 위해 전사가 되고, 수컷은 경쟁자를 없애기 위해서라면 킬러가 되기를 서슴지 않는다. 그렇지만 번식이 살아 있음을 확인하는 궁극의 축제임에는 분명하다. 이 축제를 치르기 위해 매년 포클랜드 섬으로 무리지어 이동하는 동물들이 있으니, 코끼리바다표범^{elephant seal}, 앨버트로스^{albatross}, 바위뛰기펭귄^{rockhopper penguin} 등이다. 북쪽에서는 태평양 연어^{Pacific salmon}가 자신이 태어났던 알래

숙명

스카의 강과 계곡으로 되돌아온다. 이들은 생애 단 한번뿐인 산란을 마치고 그 자리에서 죽음을 맞이한다. 동부 아프리카 대초원에는 백만 마리에 달하는 **흰귀코브영양**^{white-eared kob} 이 번식을 위해 모여드는데, 이때 수컷들 사이에서는 자기 영역을 지키기 위해 잔혹한 투쟁이 벌어진다. 코스타리카 숲에서는 천만 마리에 이르는 **군대개미**^{army ant} 들이 여왕개미와 자신들의 거주지를 위해 밤낮으로 부지런히 먹이를 나른다. 또한 여왕개미의 발정기와 집단 번식기에 맞춰 이동을 한다.

대서양 남단, 남극대륙 가까이 위치한 포클랜드Falkland 제도는 바닷바람이 거세고 해수의 흐름이 격렬해 생명이 살기에는 혹독한 조건을 갖고 있다. 그러나 봄이 찾아와 따뜻한 햇볕이 내리쬐면 해안을 따라 생명의 율동과 음악이 넘쳐 난다. 거기에는 번식과 탄생을 축하하는 환희의 소리와 함께, 살아남기 위해 치러야 하는 처절한 전투의 몸짓이 섞여 있다. 그 싸움은 결코 호락호락하지 않지만, 코끼리바다표범elephant seal과 바위뛰기펭귄rockhopper penguin, 검은눈썹앨버트로스black-browed albatross 등은 필연적인 그 생명의 축제를 벌이기 위해 매년 이 섬을 찾는다.

가족의 탄생

해마다 9월이 되면 포클랜드 해안에 가장 먼저 바위뛰기펭귄이 도착한다. 그들은 바다 위에 펼쳐진 절벽을 뛰어다니면서 자신들이 머물 공간을 찾는다. 작년에 보금자리를 쳤던 그 장소를 찾아 반년 이상 남극해를 날아왔다. 암컷과 수컷들은 여기서 재회할 것이다. 이들 중에는 평생 반려인 경우도 있고, 몇 년에 한 번씩 짝을 바꾸는 쌍도 있다. 그들이 속속 도착함에 따라 수천 마리의 펭귄이 내는 딱딱 끊어지는 단음절의 울음소리가 공기를 뒤흔든다.

하지만 절벽에는 펭귄만 모이는 건 아니다. 검은눈썹앨버트로스도 수천 마리가 모여든다. 그런데 이들 주변을 배회하며 주의 깊게 노려보는 새가 있으니 바로 1년 내내 이 섬에서 사는 갈색배카라카라striated caracara이다. 카라카라는 이때만을 기다려 왔다. 펭귄과 앨버트로스가 낳을 알과 새끼들이 자신들의 먹이이기 때문이다. 그래서 카라카라는 펭귄과 앨버트로스의 보금자리에서 멀지 않은 곳에 둥지를 튼다. 심지어 번식도 이 시기에 맞춰서 한다. 카라카라에게는 또 다른 '밥'이 있다. 역시 이 시기에 짝짓기를 위해 포클랜드 섬으로 이동해 온 코끼리바다표범이다. 카라카라는 해안에서 쉬고 있는 코끼리바다표범에게 다가가 부리로 그들의 피부를 콕콕 쪼아 댄다.

바위뛰기펭귄은 자기 짝이 도착하면 마음껏 애정을 표시한다. 특히 수컷은 머리를 좌우 위아래로 흔들며 반가움을 활짝 드러낸다. 이들은 마치 개선 장군처럼 부리를 하늘로 쳐들고 구애의 소리를 힘차게 내지른다. 파트너들은 부리로 상대의 머리나 목을 쓰다듬으면서 사랑을 확인한다. 그들은 작은 돌멩이와 풀, 나뭇가지 등을 모아 보금자리를 꾸민 후 꽤 여러 차례에 걸쳐 사랑을 나눈다. 1주일이 지나면 암컷은 두 개의 알을 낳는다. 첫 번째 알은 대개 작고 부실해서 60퍼센트 정도만이 부화에 성공하지만, 두 번째 낳는 알

포클랜드 섬에서 갈색배카라카라가 자신들이 가장 좋아하는 먹잇감인 바위뛰기펭귄들이 나타나기를 기다리고 있다.

바위뛰기펭귄들은 남극해에서 대여섯 달을 보낸 후 번식을 하기 위해 포클랜드 제도 해안으로 찾아든다.

높은 곳에 둥지를 틀기 위해서는 가파른 절벽을 올라야 한다. 펭귄은 절벽을 오르기에는 적당치 않아 보이는 몸매를 갖고 있지만, 그들이 절벽을 오르는 기술은 경이로울 정도다.

은 첫 번째보다 훨씬 크고 건강해서 부화율도 높다.

알을 낳으면 암컷과 수컷은 약 5주간에 걸쳐 서로 교대로 알을 품는다. 처음 2~3주 동안은 암컷이 둥지를 지키는 동안 수컷이 바다에 먹이를 찾으러 나서고, 마지막 2주는 수컷이 둥지를 지키고 암컷이 먹이를 구해 온다.

몸무게가 약 3킬로그램인 바위뛰기펭귄은 펭귄족 중에서도 가장 작은 축에 속한다. 하지만 이들은 겁이 없어 어떤 침입자들이 다가와도 완강히 저항한다. 그러나 몹시 영리하고 잽싸기도 한 카라카라를 당하기에는 역부족이다. 카라카라는 암컷과 수컷이 보초 서는 일을 교대하는 틈을 타서 둥지로 잠입해 알을 채 나오는 데 성공한다.

1812년 포클랜드 섬에 처음 왔던 미국의 바다표범 사냥꾼은 카라카라가 "매와 까마귀를 절반씩 섞은 모양과 성질을 갖고 있다."고 기록했다. 이어 그는 카라카라를 '하늘을 나는 악마', '날개 달린 해적'이라고 불렀다. 카라카라는 이곳과 혼 곶^{Cape Horn} 근처의 몇몇 섬에서만 발견되고 있다. 포클랜드 섬의 가혹한 환경에서 살아남기 위해서는 카라카라가 영리하고 출중한 사냥 실력을 갖출 수밖에 없었는지도 모른다.

1970년대 이전에는 정부가 카라카라의 목에 현상금을 붙일 정도였다. 이들이 양과 염소 등은 물론 농기구에도 굉장한 피해를 입혔기 때문이었다. 이들에게 한번 표적이 되면 결코 헤어날 수 없다고 알려질 정도였다. 하지만 포클랜드 섬에 봄이 오면 이들의 주목표는 펭귄과 앨버트로스가 낳는 알과 어

번식기가 시작된 바위뛰기펭귄들이 포클랜드 섬에 모여들었다(왼쪽). 반면 포클랜드 섬 서쪽에 있는 선더스(Saunders) 섬에서는 바위뛰기펭귄들이 벌써 알을 품고 있다(위).

린 새끼들로 옮겨 가는 것이다.

알을 품고 5주가 지나면 바위뛰기펭귄 새끼는 천천히 알을 깨고 나온다. 새끼가 완전히 알에서 나올 때까지 하루나 이틀이 걸린다. 부모 펭귄은 처음 2, 3일 동안 새끼 옆에 머물면서 카라카라가 접근하지 못하도록 망을 본다. 카라카라는 근처에서 노란색 눈을 번득이며 수천 마리의 펭귄 무리들 가운데 부모의 눈길이 미처 미치지 않는 새끼나 약한 펭귄이 없나 살피고 있다.

알이 부화하고 며칠이 지나면 암컷 펭귄은 먹이를 구하러 가까운 바다로 나간다. 시간이 지나면서 여행 거리도 점점 길어지고 물속으로 잠수를 하기도 한다. 거기서 새끼에게 먹일 크릴새우를 물어 온다. 그동안 수컷은 둥지를 지키며 새끼 곁을 한시도 떠나지 않는다.

3, 4주가 지나면 새끼는 몸집이 부모만 해지거나 더 커진다. 이제 부모는 안심하고 먼 바다로 나갈 수 있고, 그 사이에 새끼는 해변에서 먹이를 찾는다. 또한 부모가 멀리 떠나 있는 동안 새끼는 다른 새끼들과 어울려 놀기도 한다. 그

들은 본능적으로 무리 지어 있으면 안전하다는 것을 알고 있는 것이다. 털갈이를 통해 새끼가 어른 털을 갖게 되면 본격적으로 바다 위를 날며 나는 법을 배우게 된다.

포클랜드 섬의 높은 절벽에서 새들이 번식을 하고 있는 동안 해안에서는 코끼리바다표범들이 모여들기 시작한다. 9월경 수컷이 먼저 도착하고 몇 주일 지나 암컷이 찾아온다. 수컷은 몸무게가 4톤, 몸길이가 약 5미터나 되는 거구를 해변에 누인 채 암컷을 기다린다. 암컷은 수컷이 기다리는 몇

주일 동안 최대한 먹이를 많이 먹어 두려고 한다. 일단 해변에 상륙해서 새끼를 낳고 짝짓기에 들어가면 먹이를 취할 시간이 많지 않기 때문이다. 그래서 300~600미터 깊이까지 잠수해서 오징어와 어류들을 잔뜩 먹어 둔다. 암컷은 지난해에 왔던 해변으로 늘 다시 찾아간다.

반면 수컷들은 먹이잡이는 거의 하지 않은 채 자기 세력권을 지키기 위해 다른 수컷들과 몸싸움을 벌이면서 몸에 지니고 있는 에너지를 급속하게 소진시켜 나간다. 그래서 정작 암컷들이 상륙할 즈음에는 지쳐서 구애를 펼칠 여력이 없다. 암컷들은 수컷들보다 훨씬 관계가 좋아서 서로 편안하게 어울려서 논다. 암컷들이 다 모이면 수천 마리에 이르러 해안선에 마치 아주 거대한 바위가 있는 것처럼 보인다.

수컷들이 해변의 최강자를 가리기 위해 서로 힘겨루기를 하는 동안, 암컷은 새끼 낳을 준비를 한다. 이 새끼는 지난해 이맘때 교미를 통해 밴 새끼이다. 암컷은 물기가 없는 건조한 땅을 찾아서 까만 털이 덮인 새끼를 낳는다.

몸무게가 4톤이나 나가는 코끼리바다표범이 포클랜드 섬에서 파도를 타며 쉬고 있다(98쪽). 어린 새끼는 어미로부터 애정과 보살핌을 받는다(위). 때때로 수컷 코끼리바다표범은 암컷을 거칠게 다루기도 한다(아래).

그러나 떠들썩한 포클랜드 해변은 갓 태어난 코끼리바다표범에게는 안락한 요람이 아니다. 이들 중 20~30퍼센트는 도중에 죽는데, 수컷들이 싸우는 와중에 짓밟혀서 희생되는 경우도 많다.

어미는 새끼가 태어나서 처음 3주는 새끼를 보살피는 데 모든 시간을 투자한다. 새끼는 두 달 정도가 지나야 스스로 먹이를 찾을 수 있기 때문에 그때까지 젖을 물려서 영양분을 공급해 주는 것이다. 새끼가 태어나고 20일 정도 지나면 암컷에게 발정기가 찾아온다.

짝짓기는 다른 수컷들을 제압한 최강자에게 우선순위가 주어진다. 수컷은 또한 교미를 하는 상대가 자기 짝이라는 것을 과시하기 위해 큰 코를 이용해 소리를 내지르기도 한다. 수컷의 코는 코끼리 코를 닮았는데, 코끼리바다표범이라는 이름도 거기서 유래했다. 이 콧소리는 경쟁하는 수컷을 쫓아 버리는 역할도 한다. 그런데도 다른 수컷이 다가오면 둘 사이에 사투가 벌어진다.

수컷들끼리 싸울 때는 처음에는 마치 스모 선수처럼 서로의 몸 주위를 맴돌다가 허점을 발견하면 달려들어 이빨로 상대의 목을 문다. 물린 상처에서 피가 흘러 목과 어깨를 적셔도 상대가 항복할 때까지 계속 싸운다.

수컷들 중의 최강자는 계속 도전을 받기 때문에 여러 해에 걸쳐 권좌를 유지하기가 쉽지 않다. 그러나 한 시즌이라도 우두머리가 되면 그는 자신의 유

해변에 도착한 수컷 코끼리바다표범(위). 이들은 자기 영역을 지키고 짝짓기를 위해 다른 수컷과 싸울 태세를 갖춘다. 수컷 두 마리가 서로 힘을 과시하면서 코로 소리를 지르고 있다(오른쪽). 수컷들끼리의 싸움은 아주 격렬해서 상대가 치명적인 상처를 입기도 한다. 최후의 승자가 해변의 우두머리가 된다.

전자를 약 80마리의 암컷에게 퍼뜨릴 수 있다. 싸움에서 밀린 수컷은 한 번도 짝지을 기회를 갖지 못하기도 한다.

교미가 끝나면 수태한 암컷은 새끼와 포클랜드 섬을 뒤로 하고 떠난다. 쇠약한 몸을 보충하기 위해 먹이를 찾아 깊은 바다로 들어가는 것이다. 곧 이어 수컷들도 뒤를 따른다. 남극의 공기가 부드러워지는 내년 봄이 되면 그들은 다시 같은 해변으로 돌아올 것이다.

검은눈썹앨버트로스는 코끼리바다표범이나 바위뛰기펭귄보다 번식 주기가 훨씬 길다. 앨버트로스는 바위뛰기펭귄과 마찬가지로 포클랜드 섬의 연안 절벽을 번식 장소로 삼는다. 이 섬은 앨버트로스가 상륙하는 몇 안 되는 장소 중 한 곳이다. 거대한 날개로 위풍당당하게 공중을 나는 앨버트로스는 타의 추종을 불허하는 비행 기술을 가지고 있다. 이들은 바람을 이용해 날갯짓 한 번 하지 않고서도 해류를 따라잡거나 공중으로 역동적으로 솟아오른다.

영국의 여행가이자 선장이었던 피터 먼디Peter Mundy는 1638년에 이렇게 썼다. "앨버트로스는 내가 여태껏 본 새 중에서 가장 큰 새이다. 날개를 펼치면 2미터나 되고, 또한 전혀 움직이는 것 같지 않으면서 유유히 물결을 따라 날아가는 재주를 가졌다."

앨버트로스는 날개가 길면서도 폭이 좁기 때문에 바람을 매우 효과적으로 활용하며, 처음 날아오를 때와 육지에 착륙할 때만 에너지를 쓴다고 한다. 시소처럼 오르내리면서 날면서도 최고 시속 100킬로미터까지 속도를 낼 수 있다.

검은눈썹앨버트로스는 앨버트로스 종류 가운데 가장 몸집이 작고 개체 수는 가장 많다. 이들 중 절반 이상이 포클랜드 섬을 번식 장소로 선택한다. 9월 초가 되면 섬에 모여들기 시작하는 이들은 바위뛰기펭귄처럼 지난해와 같은 장소에서, 지난해와 같은 파트너와 짝짓기를 한다.

그러나 보금자리는 부리로 캐 온 토탄 덩어리와 진흙을 이용해 펭귄보다 훨씬 정교하게 만든다. 또 이들은 해마다 둥지를 새로 수리하고 리모델링한다. 펭귄과 마찬가지로 앨버트로스는 둥지에서 짝짓기를 하지만 알을 낳기까지는 6주나 걸린다. 알은 하나를 낳는다. 이 6주 동안 수컷이 둥지를 지키는 대신 암컷은 바다를 떠돌며 먹이를 찾는다. 포클랜드 섬 너머 먼 바다까지 나아가는데 몇 백 킬로미터의 거리도 마다하지 않는다.

알을 낳을 때가 다가오면 암컷은 보금자리로 돌아온다. 알을 낳은 뒤에도 부화하기까지는 약 10주가 걸린다. 부모 앨버트로스는 끈기 있게 둥지를 지

멀리 남아프리카까지 날아가서 겨울을 난 검은눈썹앨버트로스는 봄이 되면 번식을 위해 섬을 찾아온다. 이들은 짝끼리 서로 목의 털을 다듬어 주기도 한다(103쪽). 한 번에 알을 하나밖에 낳지 않지만 새끼들은 어른이 되기 전에 죽기도 한다. 카라카라가 사냥을 하기 위해 활강하는 모습(위). 새끼들이 카라카라의 주요한 먹잇감이 된다(아래).

키면서 교대로 알을 품는다. 알 속에 있던 새끼가 껍질을 깨기 시작해 최종 부화할 때까지도 나흘이나 걸린다. 새끼가 나오면 부모는 더욱 바짝 경계하게 된다. 갈색배카라카라가 호시탐탐 노리고 있다는 걸 알기 때문이다.

부모들은 새끼가 태어나서 3주가량은 바다로 나가 먹이를 구해 새끼에게 먹여 준다. 보통 북쪽으로 날면서 남아메리카 연안을 따라 먹이를 찾고 난 뒤 새끼가 기다리는 둥지로 되돌아오는 생활을 반복한다. 이 3주가 지나면 이제 암컷과 수컷 앨버트로스가 포클랜드 섬에서 재회한 지도 6개월이 지난다. 섬에 부는 바람이 차가워지는 것을 느끼면서 가을이 왔다는 걸 안다. 그건 이제 새끼들도 혼자 힘으로 하늘을 날 때가 왔다는 신호이기도 하다. 새끼는 이 섬을 이륙하고 나면 오랜 기간 다시 돌아오지 않을 것이다. 이들은 10년 가까이 남극해 주변이나 남아메리카와 남아프리카 주변 지역을 떠돌아다니다가 번식기가 되면 다시 포클랜드 섬을 찾게 된다.

겨울의 포클랜드 섬은 한없이 적막하고 버려진 섬 같다. 카라카라가 먹고 남긴 새의 흔적과 어른으로 자라는데 실패하고 일찍 죽어 버린 어린 새의 시체들이 이곳저곳에 흩어져 있을 뿐이다. 사시사철 이곳에 사는 카라카라가 새끼를 낳고, 그 새끼들이 하늘을 나는 법을 열심히 연마하는 모습만이 그나마 섬을 살아 있게 만든다. 이 새끼들은 먹을 것을 찾아 섬에 남겨진 시체 더미를 뒤지기도 하지만, 새끼들 중 태반은 겨울을 넘기지 못하고 목숨을 잃는다.

포클랜드 섬을 찾았던 펭귄들 중 다수는 다음 해에는 돌아오지 못할 것이다. 최근 몇 년간 바위뛰기펭귄은 30퍼센트 정도 수가 줄어들었다 한 세기 전만 해도 이들의 적은 펭귄 털과 기름을 노리던 사냥꾼들이었으나 지금은 해양에 유출된 기름과 거대한 어장들 때문에 위협을 받고 있다. 거대한 어장들이 펭귄의 먹이를 앗아가기 때문이다. 하지만 이것만으로는 펭귄 수의 감소를 설명하기가 힘들다. 아직 밝혀지지 않은 다른 이유가 있을 것으로 추정하고 있다.

오늘날 앨버트로스는 현대적인 어획 기술 탓에 불행한 운명을 맞기도 한다. 앨버트로스는 저인망 어선들이 미끼를 달아 그물을 쳐 놓은 것을 따라가서 미끼를 먹다가 낚시 바늘에 심각한 상처를 입거나 물에 빠져 죽기도 하는 것이다.

그러나 최근 앨버트로스의 수가 늘어나고 있다는 반가운 소식이 들려오고 있다. 앞으로 2, 30년이 지나면 앨버트로스는 몇 천 마리가 아니라 몇 백만 마리가 무리 지어 봄마다 포클랜드 섬을 찾아오게 될 것이다. 거기서 새끼를 낳고 키우고 마음껏 배를 채우게 되리라.

앨버트로스 가운데 가장 몸집이 큰 원더링앨버트로스가 짝짓기 전 구애를 하고 있다(104쪽). 검은눈썹앨버트로스(위)는 태어나서 두세 달만 지나면 섬을 떠나 바다 생활을 시작한다.

앨버트로스는 비행의 천재다. 이들은 길고 좁은 날개 덕분에 남극해의 강풍을 이용해서 힘들이지 않고 먼 거리를 자유자재로 날아다닌다.

회색머리흰가슴앨버트로스(light-mantled sooty albatross)가 사우스조지아 섬에서 날아오르고 있다. 이들은 절벽에서 다소 떨어진 평평한 바위에 둥지를 짓는다.

군대개미army ant들은 굉장히 조직적이다. 50만에서 200만에 이르는 엄청난 수의 개미들이 마치 하나의 생명체처럼 일사불란하게 움직인다. 각각의 개미는 그 생명체의 세포 같다. 군대개미들은 대부분 암컷으로, 같은 어미에서 나온 자매지간이며, 이들이 사는 목적은 오직 다음 세대를 먹이고 키우기 위한 것이다. 그들은 어떤 것이라도 닥치는 대로 잡아먹는다. 그들은 군대처럼 자신들이 주둔한 야영지 주변을 약탈한 다음, 다른 주둔지를 찾아 다시 진군해 간다.

진군가를 울려라!

중앙아메리카 열대우림 지역 깊숙한 숲에 아침 햇살이 비치면 군대개미의 야영지가 부산스러워진다. 간밤에 그들은 몸을 밀착시키고 각자의 앞발을 서로 사슬처럼 연결한 채 잠자리에 들었다. 눈이 없어 앞을 볼 수는 없지만 새벽빛을 충분히 느낄 수 있다. 날이 밝았으니 이제 어린 새끼들을 위해 먹이를 구하러 일터로 떠나야 한다.

무리 가운데 몸집이 중간 이하인 개미들이 선두에 나선다. 선두 그룹은 불룩한 배 뒤쪽에서 페로몬을 분비해 후미 그룹들이 자신들을 제대로 따라오도록 유도한다. 뒤를 따르는 무리들은 부지런히 먹이를 찾느라 정신이 없으면서도 무리에서 벗어나는 이탈자는 한 마리도 없다. 곤충학자인 윌리엄 것월드William Gotwald는 "그들은 페로몬에 족쇄가 채워져 있기 때문에 노예처럼 묵묵히 따라가는 것"이라고 설명한다.

군대개미 집단에서 가장 중요한 것은 여왕개미다. 여왕에 걸맞게 일개미들보다 훨씬 큰 풍채를 자랑하며 둥글넓적하게 생겼다. 일개미들이 먹이를 구하는 동안 여왕개미는 야영지를 지키며 주기적으로 알을 낳는다. 그게 여왕개미의 임무이다. 개미들이 새벽에서 황혼까지 먹이를 찾아 떠나 있는 동안 여왕은 야영지에 남아 알을 부화시킨다.

일개미 중에는 병정개미가 따로 있는데, 이들은 주둔지 주변을 지키는 역할을 한다. 왜냐하면 이들은 갈고리 같은 턱과 집게발로 무장해 다른 일개미들보다 전투력이 좋기 때문이다. 일개미 떼들이 숲을 행군하면 다른 곤충들은 물론이고 심지어 몸집이 작은 동물들도 서둘러 피신한다. 그런데 군대개미들에게도 두려운 존재가 있으니, 바로 개미잡이새antbird다. 이들은 군대개미가 야영지를 옮길 때마다 따라다니면서 그들이 무리 지어 나타나면 동료들에게 알린다. 물론 시각도 없고 청각도 없는 일개미들은 개미잡이새들이 동료들에게 보내는 신호 소리를 전혀 눈치채지 못한다. 개미잡이새는 기회

군대개미는 예리한 이빨과 머리에 비해서 훨씬 크고 날카로운 턱으로 무장하고 있다. 이러한 군대개미 200만 마리가 모이면 어떤 일이 일어날지 한번 상상해 보라!

파나마의 소베라니아(Soberania) 국립공원에 있는 열대림에 수십만 마리의 군대개미들이 서식하고 있다. 숲에 여명이 비쳐 들면 개미들은 하루를 시작한다. 묵묵히 사냥감을 공격하고, 먹이를 구하고, 야영지를 지키면서 그들 덩치에 어울리지 않는 거대한 조직체를 매끄럽게 굴려 간다.

군대개미들은 먹이를 야영지로 옮기기 전에 임시 저장소에 먹이를 보관한다. 커다란 아래턱을 가진 일개미들이 임시 저장소 입구를 지키고 있다.

주의자다. 그들은 군대개미들이 곤충이나 거미 등을 힘들여 공격해서 죽여 놓으면 잽싸게 나타나 슬쩍 먹어 치운다. 또한 개미잡이새가 먹고 남긴 찌꺼기를 노리고 나비들이 몰려온다.

군대개미들은 폭이 14미터나 되는 타원형 모양을 만들면서 무리 지어 진군하며, 가끔 좌우로 방향을 틀기도 하지만 대열이 흐트러지는 경우가 없다. 무리들 가운데 일부는 땅에 떨어진 나뭇잎들을 옮기고, 또 다른 무리는 나무를 기어 올라간다. 도중에 깊은 틈이나 장애물을 만나면 본능적으로 서로 몸을 밀착시켜 다리를 만들어서 뒤에 오는 개미들이 건너가도록 한다. 그러다 보니 이들의 진군은 중간에 멈추거나 속력이 줄어드는 법이 없다.

독거미인 타란툴라나 메뚜기, 말벌은 물론이고 파충류나 작은 새들도 이들의 적수가 되지 못한다. 이들은 냄새와 촉각으로 사냥을 하며, 이동 중에 만나는 어떤 것에 대해서도 본능적으로 공격을 가한다. 그들은 명사수들이다. 먹이를 만나면 찌르거나 질식시켜서 꼼짝 못하게 하는데 자기들보다 덩치가 100배나 큰 사냥감도 마다하지 않는다. 일개미들은 역할이 분담돼 있어 병정개미는 주둔지를 지키는 한편 사냥한 먹이들을 날카로운 이빨로 잘

게 나누는 일을 한다. 그러고 나면 긴 다리를 가진 운반개미들이 잘게 나뉜 먹이들을 야영지까지 옮기는 일을 한다. 군대개미들은 한번 출격하면 평균 3만 개의 먹이 조각들을 얻는다.

숲이 황혼 빛에 젖어 들면 개미들은 먹이를 구하는 것을 그만두고, 야영지를 옮기는 일에 착수한다. 전날보다 약 100미터 떨어진 곳에 새 야영지를 꾸리는 것이다. 야영지가 차려지면 일개미들의 호위를 받으며 여왕개미가 이전 야영지에서 나온다. 한밤이 되면 여왕개미는 안전하게 처소에 자리 잡고, 일개미들은 전날과 마찬가지로 서로 앞발을 깍지 끼듯이 연결하고 몸을 밀착해서 방어망을 구축한다. 하루의 고된 노동이 끝난 것이다.

군대개미들은 2~3주 단위로 이동과 정착을 반복한다. 이동기에는 매일 밤 야영지를 바꾼다. 그러다 다음 3주가량은 한 야영지에서만 생활을 한다. 이런 이동 주기는 여왕개미의 번식과 유충의 성장 단계와 관계가 있다.

이동기인 2~3주 동안 일개미들이 열심히 먹이를 날라 온 결과 여왕개미는 몸에 지방을 충분히 섭취할 수 있고 알들도 빠르게 자란다. 알이 유충이 되고 유충이 다시 고치로 변할 시점이 되면 한 야영지에서의 생활이 끝나고

중앙아메리카 우림에 사는 탐욕스러운 군대개미 무리들이 낙엽들을 완전히 덮고 있다(112쪽). 군대개미가 메뚜기를 공격해 먹고 있다(위).

다른 야영지로 옮겨 간다. 새로운 야영지는 이전에 한 번 야영지로 삼았던 곳이나 속이 뚫린 통나무 등이 선택된다. 이곳에서 고치는 변태를 할 채비를 갖추고 일개미들은 다시 먹잇감 사냥에 나선다. 새 정착지에서 1주일 정도 지나면 여왕개미는 다시 알을 낳는데, 그 숫자는 10만에서 30만 개에 이른다.

여왕개미가 엄청난 생식력을 보이는 가운데 알들은 부화하고 며칠이 지나면 고치가 다시 변태를 함으로써 새끼 일개미들이 탄생한다. 이들은 처음에는 신체적으로 약하고 조직 생활에도 익숙하지 않지만, 곧 일개미로서의 자기 역할을 부여받게 된다.

한곳에서 3주간 지내는 동안 일개미들은 역할에 따라 매일 낮 동안 먹이를 찾아 나서고 잘게 나누고 나르는 일을 계속한다. 그 결과 서식지 주변 숲이 거의 초토화된다. 그래서 이제 새로 태어난 일개미들과 함께 더 풍요로운 환경을 찾아 야영지를 옮겨야 한다. 그래서 개미들은 다시 낮에는 사냥을 하고 밤에는 새 야영지를 찾아 옮기는 생활로 들어가게 된다. 그들에게 주어진 휴식은 하루에 몇 시간밖에 되지 않는다.

그렇다면 여왕개미는 어떻게 알을 낳게 되는 것일까? 군대개미는 1년에 한 번, 대개는 건기가 시작되는 계절이 오면 번식 단계가 크게 달라진다. 알을 낳는 시기나 유충의 발달 단계가 보통 때와는 큰 차이가 나게 되는데, 왜냐하면 여왕개미에게 수태기가 찾아오기 때문이다. 이 시기에 여왕개미는 나중에 수컷 개미가 될 수정되지 않은 알을 낳는 한편, 여왕개미가 될 수정된 알을 대여섯 개 낳는다.

수정된 알이 부화해 고치와 변태 단계를 거쳐 새 여왕개미로 태어나면, 일개미들이 그들을 둘러싸고 지킨다. 며칠 뒤에는 수정되지 않은 알에서 수컷 개미들도 태어난다. 이제 바야흐로 군대개미 서식지에 큰 변화가 오게 되는 것이다. 야영지를 다시 옮기게 되는데 이때 일개미들은 두 가지의 서로 다른 페로몬을 분비한다. 그중 하나를 따라 일개미들이 새로 태어난 여왕개미들을 수행해서 이동하고, 다른 하나는 늙은 여왕개미와 일부 일개미들이 따라간다. 군대개미 집단이 두 파로 나뉜 것이다. 새 여왕개미들도 아직 운명은 결정되지 않았다. 그들 가운데 오직 한 마리만이 왕관을 쓰게 될 것이기 때문이다.

늙은 여왕개미는 새로운 야영지에서 당분간은 권력을 유지하면서 집단을 하나로 통합하는 역할을 한다. 하지만 노쇠해지고 매력을 잃게 되면 더 이상 일개미들도 그녀를 따르지 않는다. 그녀는 새로운 야영지에게 쫓겨나고 '처녀' 여왕개미가 그녀의 자리를 차지하게 된다.

수컷 개미들은 암컷들과 달리 눈도 있고 날개도 있다. 대신 그들은 1주일 길어야 2주일만 생존한다. 그들은 오로지 '처녀' 여왕개미와 교미하기 위한

열대림에서 흔적을 좇고 있는 군대개미의 모습(위). 군대개미들이 살인벌(killer bee)의 서식지를 공격하자 벌들이 속수무책으로 당하고 있다(115쪽).

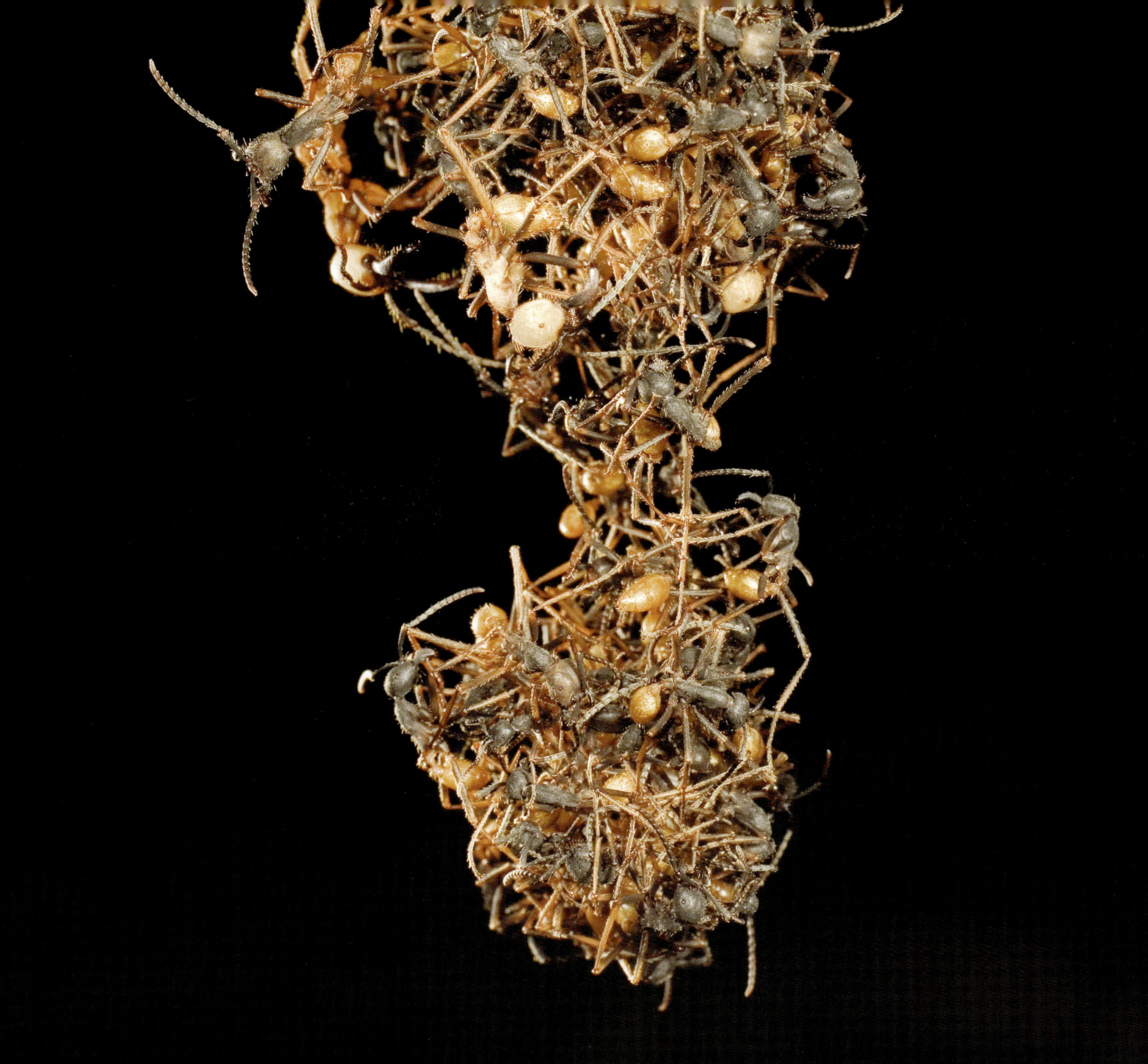

목적으로만 태어난 것이다. 그들은 일단 자신들이 태어난 곳에서 쫓겨나게 된다. 그런 다음 여왕개미를 경호하고 있는 일개미나 병정개미들과 싸워 이겨서 저지선을 뚫는 수컷들만이 여왕개미와 교미를 하게 된다. 이것은 본능적으로 '최고'의 수컷을 선택하려는 군대개미의 전략일 것이다. 수컷 개미들은 일개미보다 훨씬 몸집이 크고 힘도 강하다. 여왕개미와 교미에 성공하는 수컷은 보통 서너 마리에 불과하다.

개미 집단은 마치 하나의 명령에 따라 움직이는 것처럼 집단적인 조직력이 대단히 뛰어나다. 각각의 개미는 자신의 필요가 아니라 집단의 필요에 맞춰 살아간다. 어린 새끼를 보호하는 일에서부터 먹이를 구해 오는 일 등 등 각 개미마다 주어지는 일이 정해져 있다. 이 고도로 조직화된 사회 체계는 석기시대보다 훨씬 이전인 백악기까지 거슬러 올라간다.

많은 과학자들은 지금도 어떻게 개미들이 그토록 고도의 조직 생활을 꾸려 갈 수 있는지를 연구 중이다. 동물행동학자 이에인 쿠진 Iain Couzin은 "개미들이 일하고 결정하는 방식은 우리 인간의 뇌가 결정하는 방식과 닮았다."고 말한다. 생물학자 윌슨 Wilson은 "이토록 작은 생명체가 어떻게 1억 4000만 년 이상을 지구에서 생존할 수 있었는지 그저 기이할 뿐"이라고 감탄한다. 그는 또한 군대개미의 복잡한 사회조직을 "지상에서 볼 수 있는 가장 인상적인 모습"이라고 하면서 이렇게 강조한다. "개미는 공룡보다도 더 오래 살아왔고, 어쩌면 앞으로 인간보다 더 오래 살아남을 것이다."

밤을 이용해 군대개미들이 새로운 야영지로 이동하는 모습(위). 야영지를 이동하는 동안 일개미들이 개미로 변태하기 전 단계인 고치를 나르고 있다(오른쪽).

우리는 전쟁이 끝나고 나면 그 자리에 폐허만 남을 것이라고 생각한다. 자연의 장엄함 같은 건 사라져 버릴 것이라고 믿는다. 하지만 반드시 그렇지만은 않다. 전쟁이 휩쓸고 간 지 3, 4년이 흐른 뒤 대초원에는 1300만 마리가 넘는 흰귀코브영양white-eared kob, 아프리카영양, 몽갈라가젤mongalla gazelle 등이 뛰어다니고 있다. 생명력이란 어찌나 강하고 끈질긴지, 인간이 저지르는 전쟁이나 파괴 따위는 결국 이겨 내고 만다.

사랑과 전쟁

"여태까지 그렇게 많은 야생동물을 본 적이 없습니다." 마이클 패이Michael Fay는 이렇게 말했다. 2007년에 패이와 폴 앨컨Paul Elkan은 야생동물보호협회와 함께 전쟁이 할퀴고 간 지역 위를 비행기를 타고 날아가고 있었다. 남수단Southern Sudan 국립공원의 야생동물 실태를 항공 조사하기 위해서였다. 이 지역에서는 15년간 내전이 벌어졌고, 겨우 2년 전에야 평화를 찾았다. 그래서 과학자들은 야생동물이 살고 있으리라는 기대를 거의 하지 않았다. 그러나 콩고 서부의 보마Boma와 남수단 일대의 15만 제곱킬로미터를 150시간 가까이 항공 조사를 한 결과, 과학자들은 자신들의 예측이 얼마나 빗나갔는지를 알게 되었다. 패이는 "마치 바다에 잠겨 사라졌다고 믿었던 '타이타닉'을 원래 모습 그대로 다시 발견한 것과 같은 느낌이었다."고 말했다.

그들은 수가 크게 줄었으리라고 믿었던 코브가 약 80만 마리나 뛰놀고 있는 것을 눈으로 확인했을 뿐 아니라 아프리카영양과 몽갈라가젤 무리도 발견했다. 남수단 지역에는 긴뿔오릭스영양long-horned oryx도 보였다. 멸종 위기에 처한 나일리치위영양Nile lechwe 4000마리가량도 수단의 수드Sudd 강변 초원에서 한가로이 풀을 뜯는 모습이 포착됐다. 수드 강 동쪽 삼림지대에서는 수천 마리의 코끼리들이 이동하고 있었다.

세계에서 가장 큰 수드 습지대는 백나일White Nile 강이 주기적으로 범람하면서 면적이 넓어지고 있다. 그 습지대가 막아 주는 덕분에 남수단은 밀렵꾼이나 외부의 침입자들로부터 안전한 편이다. 수단의 원주민인 딩카Dinka 족과 무를레Murle 족은 수백 년간 수드 강변의 광활한 목초지에 가축들을 방목하면서 생활해 왔다. 그러나 이런 생활은 1980년대 초에 막을 내렸다. 내전이 발발하면서 가축과 원주민들이 대량 학살당했고 살아남은 이들은 정처 없이 떠돌아다니는 신세가 됐다. 코브와 가젤, 오릭스영양 같은 이동하는 동물들은 전쟁의 포화 앞에서 길이 막혀 버렸다. 하지만 이들은 그 혼란의 와중

흰귀코브영양은 개체 수가 줄고 있는 것으로 추측되었으나 2007년 남수단 초원을 항공 조사한 결과 놀랍게도 80만 마리가 서식하고 있는 것으로 드러났다.

흰귀코브영양 무리가 우기를 맞아 물과 풀을 찾아서 남수단 평원을 달리고 있다.

풀이 너무 빨리 말라 버리자 사바나의 싱싱한 풀을 찾아 흰귀코브영양 무리가 비를 좇아 질주하고 있다.

에서도 잘 견뎌 낸 것처럼 보인다.

　이 지역에는 흰귀코브가 압도적으로 많다. 수십만 마리가 초원에서 줄지어 다닌다. 패이는 "그들이 북쪽을 향해 정신없이 걸어가는 모습은 군대개미들이 열을 지어 가는 모습과 닮았다."고 말했다. 세렝게티의 누 무리처럼 흰귀코브는 1년 내내 이동을 한다. 1년간 걷는 거리는 수백 킬로미터에 이른다. 11월 무렵이 되면 적도 상공의 태양이 강렬해지면서 건기가 시작된다. 그러면 흰귀코브들이 새끼를 낳아 기르고 있던 남쪽 지역에도 변화가 생긴다. 수증기가 증발하면서 물을 담고 있던 땅이 진흙 지대로 변해 흰귀코브 새끼들이 진흙에 빠져 헤어나지 못하는 사태가 생기기도 한다. 게다가 들불도 자주 발생한다. 그렇기 때문에 이제 또 떠나야 할 때가 된 것이다.

　이들은 백나일 강 동쪽 지역, 즉 수단과 에티오피아 국경 근처를 향해서 이동을 시작한다. 보마종글레이*Boma-Jonglei* 지대라 불리는 이곳은 면적이 뉴욕 크기만 하며, 동부 아프리카에서 가장 넓고 훼손되지 않은 초원지대이다.

　보마 국립공원은 강과 늪지대가 사방에 펼쳐져 있기 때문에 땅이 매우 기름지다. 토양에 영양이 풍부해서 초목들도 단백질이 풍부하다. 흰귀코브는 이런 풀들을 먹는다. 한낮에 하늘과 땅에서 뿜어내는 열기가 강하면 흰귀코브는 아카시아 숲 그늘로 몸을 숨겼다가 선선한 밤이 되면 나와서 풀을 뜯는다. 대초원에 흩어져서 풀을 먹는 코브들은 자기 내키는 대로 자리를 잡고 있는 것처럼 보이지만 실상은 그렇지 않다. 힘이 센 수컷은 암컷들에게 구애하고 번식을 할 수 있는 무대를 만들기 위해 둥그런 형태로 영역을 확보한 다음 다른 수컷들이 가까이 오지 못하도록 한다. 만약 다른 수컷이 접근하려고 하면 머리를 숙이고 뿔을 들이밀며 공격하려는 몸짓을 한다. 만약 그래도 계속 다가오면 심각한 싸움이 벌어진다. 그들은 두 발로 일어나 마치 프로복싱 선수처럼 싸우려는 자세를 취한다. 뿔끼리 부딪히기도 하고 몸을 던져 상대를 넘어뜨리기도 한다. 싸움에 패한 수컷은 피를 흥건하게 흘리며 물러난다. 승리를 거둔 수컷은 짧으면 한나절, 길면 한 달가량 그 영토의 우두머리가 되어 발정기의 암컷들과 교미를 하는 특권을 누린다.

　수컷이 강한 힘과 기량으로 자기 영역을 지켜 내면 암컷들은 그 수컷에 대

흰귀코브영양들이 자주 맞닥뜨리는 위험 중 하나는 번식 장소를 놓고 수컷들끼리 겨루는 것이고(위), 다른 하나는 치타의 공격으로부터 살아남는 것이다(125쪽).

해 호감을 갖게 된다. 생존에 유리한 유전자를 가지고 있다는 것을 본능적으로 아는 것이다. 수컷들은 암컷을 유혹하기 위해 다른 전략도 구사하는데, 요염한 자세로 교태를 부리면서 뽐내며 걷는 것이다. 하지만 가장 강력한 무기는 냄새이다. 수컷의 오줌에서 나는 냄새는 암컷에게 많은 정보를 제공한다. 그 수컷이 병이나 기생충이 있는지 없는지, 자기에게 어울리는지 아닌지 등을 오줌 냄새를 통해 알 수 있는 것이다.

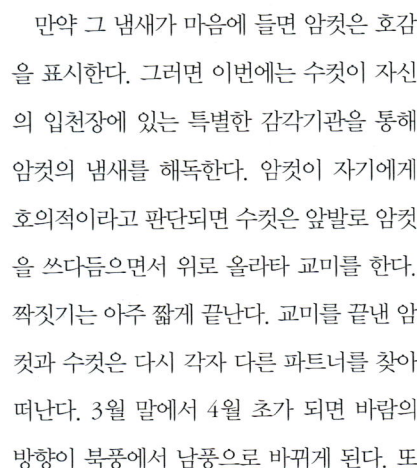

만약 그 냄새가 마음에 들면 암컷은 호감을 표시한다. 그러면 이번에는 수컷이 자신의 입천장에 있는 특별한 감각기관을 통해 암컷의 냄새를 해독한다. 암컷이 자기에게 호의적이라고 판단되면 수컷은 앞발로 암컷을 쓰다듬으면서 위로 올라타 교미를 한다. 짝짓기는 아주 짧게 끝난다. 교미를 끝낸 암컷과 수컷은 다시 각자 다른 파트너를 찾아 떠난다. 3월 말에서 4월 초가 되면 바람의 방향이 북풍에서 남풍으로 바뀌게 된다. 또한 남쪽에서 불어오는 이 바람에는 대서양과 인도양의 습한 공기가 가득 담겨 있다. 그래서 코브들은 서서히 남쪽으로 이동하게 된다. 7월 무렵 그들은 우기가 시작된 남쪽 지역에 도착해 새끼를 낳는다. 하지만 남쪽은 북쪽 초원에 비하면 먹이가 풍부하지 않은 편이다.

이처럼 흰귀코브는 대초원을 이동하면서 만족스러운 삶을 살고 있다. 적어도 현재까지는 그렇지만 미래가 밝지만은 않다. 내전을 피해 고향을 떠났던 피난민들이 속속 돌아오면서 흰귀코브가 차지하고 있던 땅이 줄어들게 생겼다. 또한 코브처럼 이동하는 동물들에 대해 전혀 배려하지 않은 채 도로

가 건설되고 있으며, 이 도로를 타고 자동무기로 무장한 밀렵꾼들이 들이닥치고 있다. 이들은 마구잡이로 동물을 죽이고, 심지어 식용 고기로 만들어 불법으로 거래하기도 한다. 남수단에서는 석유탐사 작업도 활기를 띠고 있다. 이것 역시 야생동물들에게 좋을 리 없다.

역설적이게도 전쟁이 끝나고 평화가 찾아오면서 흰귀코브를 비롯한 이동하는 야생동물들에게는 상황이 더 악화되고 있다. 그러나 불길한 징후만 있는 것은 아니다. 야생동물보호협회가 코브에 대한 연구와 함께 그들을 보호하기 위한 활동을 꾸준히 펼치고 있다. 이 협회는 반딩갈로 ^{Bandingalo} 평원에 새로운 국립공원을 세우기 위해 남수단 정부와 협의 중이다. 이곳은 아프리카에서 가장 보존이 잘된 서식 지대의 하나로, 다양한 포유류와 조류들이 계절마다 찾아온다. 또한 이곳은 흰귀코브의 이동 경로에 속하는 보마 국립공원과 종글레이 지역을 중간에서 이어 주는 역할도 한다. 하지만 코브를 비롯한 야생동물들에게 가장 고무적인 현상은, 국립공원과 야생동물을 보호하는 것은 남수단 국가뿐만 아니라 지구의 자연 유산으로서도 대단한 가치가 있는 것이라는 사실을 더 많은 사람들이 깨닫기 시작했다는 점이다.

■
우간다 코브들이 이동하는 도중에 비룽가(Virunga) 국립공원에 있는 건조한 사바나에서 풀을 먹고 있다(127쪽). 흰귀코브영양은 포식자들의 움직임에 아주 민첩하게 반응한다(위).

알래스카의 여름은 축복의 계절이다. 해가 길어지면서 겨우내 잠들었던 동물들이 하나씩 깨어난다. 이들은 기지개를 켜면서 숲으로, 해안으로, 강으로 부지런히 먹이를 찾아 나선다. 태평양 연어 Pacific salmon 처럼 산란을 하기 위해 자신이 태어난 곳으로 돌아오는 경우도 있다. 이들은 거기서 알을 낳고 죽음을 맞이하게 된다.

적자생존의 계절

수온이 따뜻해지고 호르몬의 변화가 생기면 연어들은 고향으로 돌아갈 채비를 한다. 그들 중 대부분은 2년, 3년 혹은 5년 동안 태평양 바다를 떠돌았지만 간혹 1년 만에 귀향하는 경우도 있다. 그들은 어떻게 자신이 태어난 곳을 정확히 찾아가는 걸까? 과학자들은 연어의 뇌 속에 있는 자석 입자들이 지구자기장에 반응하거나 햇빛이 바닷물을 통해 꺾이는 각도의 차이를 감지하기 때문일 것으로 추측한다. 연어는 바닷물에서 많은 영양분을 섭취하기 때문에 산란을 한 뒤 죽으면 그 영양분이 알래스카에 사는 동물들에게 전달되거나 숲에 좋은 비료가 된다.

이 계절에 연어가 귀향한다는 것을 아는 포식자들은 길목에서 그들을 기다린다. 그중 가장 강력한 포식자는 악상어 salmon shark 이다. 몸집이 굉장히 크고 포악스러워서 백상아리로 착각할 정도이다. 악상어가 주변을 맴돌면 연어들 중에는 겁에 질린 나머지 해안으로 도피하는 경우도 있다. 그렇게 되면 악상어의 밥이 되는 꼴을 자초하게 된다. 연어의 귀향길을 노리는 것은 악

상어뿐만이 아니다. 바다사자나 고래들도 해협으로 몰려든다. 태평양 연어에는 왕연어 chinook, 백연어 chum, 은연어 coho, 곱사연어 pink, 홍연어 sockeye 등 다섯 종류가 있다. 이들이 포식자들로부터 살아남을 확률은 네 마리 중 한 마리 꼴이다.

태평양 연어의 산란 장소는 알래스카 해안 가까운 곳도 있지만, 내륙에 있는 호수나 강, 개천인 경우도 많다. 그래서 이들을 노리고 흰머리수리, 갈매기, 수달, 밍크를 비롯해 알래스카에서 가장 사나운 불곰 등이 길목을 지킨다. 연어들이 헤쳐 나가야 할 것은 이들 포식자들만이 아니다. 산란 장소가 내륙에 있는 연어들은 물살을 거슬러서 상류로 올라가야 한다. 그 과정에서 폭포나 급경사를 만나기도 하지만 단호한 생명의 에너지로 장애물들을 헤치고 나간다. 그야말로 아무리 높은 난관이 앞을 가로막더라도 온몸을 던져서라도 이겨 내겠다는 신념으로 똘똘 뭉쳐 있는 것처럼 보인다.

바다에 있을 때는 암컷과 수컷 연어 모두 몸 색깔이 같다. 둘 다 은빛을 낸

산란을 하기 위해 캐나다 브리티시컬럼비아 주의 호스플라이(Horsefly) 강으로 돌아간 홍연어 세 마리가 현란한 색을 드러내 보이고 있다.

산란기를 맞아 수백 마리의 곱사연어들이 알래스카의 강을 가득 메우고 있다. 새끼들은 부모가 태어났던 곳과 같은 장소에서 새로운 삶을 시작하게 된다.

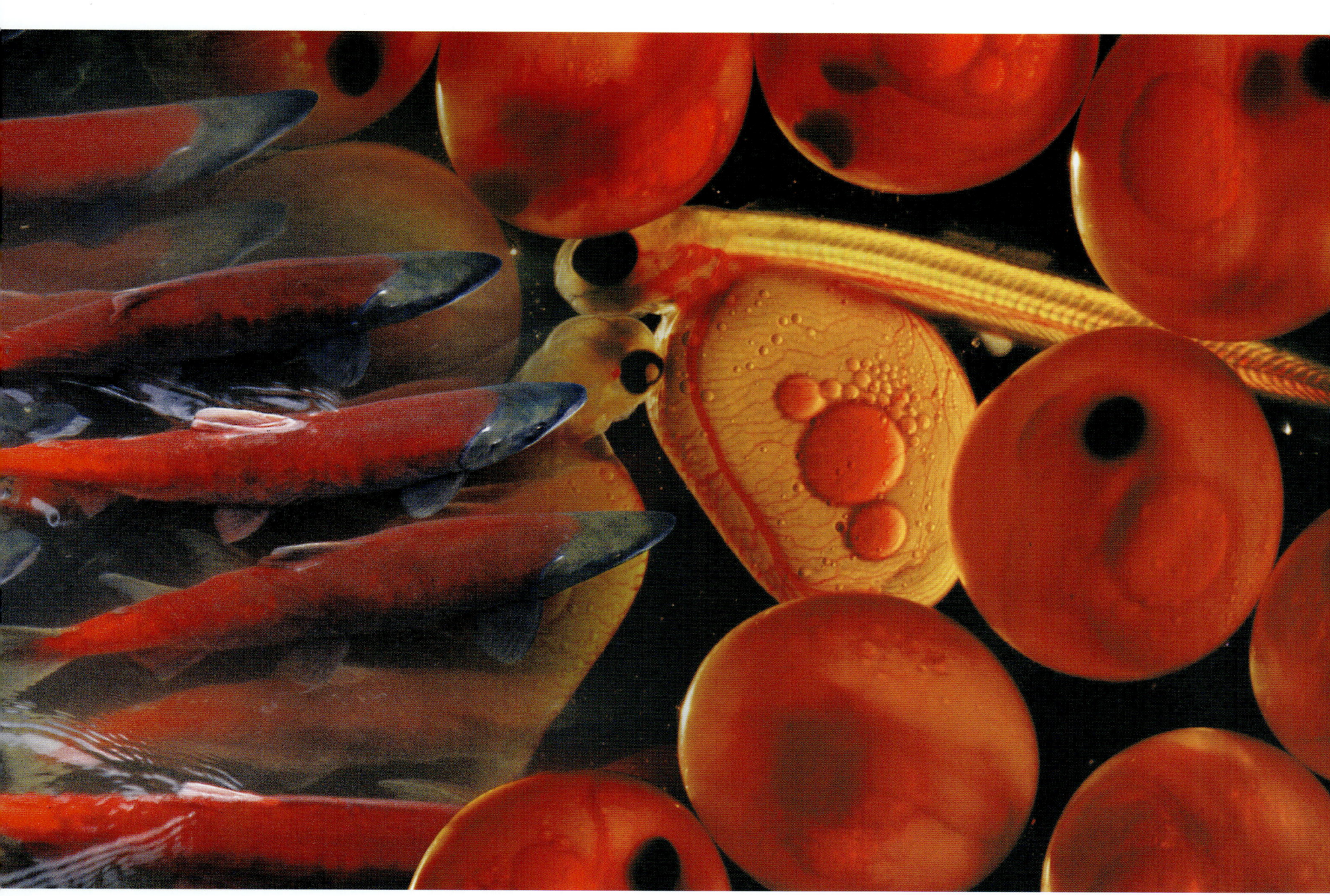

온갖 역경을 뚫고 강으로 돌아온 연어는 곧 산란을 시작해 수백만 개의 작은 알을 물속에 낳는다. 이 중에 극히 일부만이 부화를 하고 성체로 자란다.

다. 그러나 산란 시기가 다가오면 호르몬이 변화하면서 몸에도 변화가 생긴다. 수컷은 등이 좁아지는 대신 위로 솟아오르고, 몸 색깔도 선명해진다. 또한 산란 장소에 가까워질수록 열대어처럼 화려한 색조를 띠는데, 머리 부위는 녹색, 몸체는 진홍색이 된다. 특히 홍연어가 가장 현란하게 변한다. 암컷도 마찬가지로 몸이 빨개지는데, 물살을 가로질러 올라갈 때는 더욱 새빨개진다. 상류로 오를 때는 수컷이 앞장을 선다. 목적지에 도착하면 수컷은 자기 영역을 지키면서 암컷 연어가 도착하기를 기다린다.

그러나 그 길이 쉽지는 않다. 바로 불곰이 지키고 있기 때문이다. 굴에서 오랫동안 겨울잠을 자고 나온 불곰은 몸이 수척하고 매우 허기져 있다. 그래서 먹이를 포착하면 눈 깜짝 할 사이에 낚아채서 게걸스럽게 먹어 치운다. 그렇게 하지 않으면 다음 겨울을 날 수 없기 때문이다.

불곰은 보통 때는 홀로 사냥을 다니지만, 연어들이 상류로 모이는 시기에는 여러 마리가 한곳에 모여든다. 동면 기간에 태어난 새끼 곰은 어른 곰을 지켜보면서 물고기 잡는 법을 배운다. 무리들 가운데 몸집이 가장 크고 힘이 가장 센 수컷 곰이 연어가 가장 많이 지나가는 길목에 자리 잡는다. 불곰들은 연어가 상류로 올라가기 위해 물속에서 몸을 솟구쳐 공중으로 올라오는 순간 큰 턱을 이용해 덥석 잡아먹는다.

굶주림에 지친 불곰들은 처음에는 연어를 통째로 삼켜 버리지만, 허기가 좀 가시고 나면 가장 영양분이 많은 연어의 머리나 알, 껍질만 골라서 먹는다. 이들이 먹고 남긴 연어의 나머지 부분은 늑대나 새 등 다른 동물의 몫이 된다. 동물들이 미처 먹지 못한 연어의 사체는 토양으로 녹아 들어가서 숲에 좋은 영양소를 제공한다.

살아남아 상류에 도착한 연어들은 강바닥에서 자갈이 깔린 곳을 찾는다. 그런 다음 암컷은 자갈들 사이에서 흙을 움푹하게 파 산란할 곳을 만든다. 이것은 쉬운 작업이 아니다. 몸을 옆으로 누이고 지느러미를 앞뒤로 흔들어 자갈을 치운 다음 계속 지느러미를 흔들어 흙을 파내게 된다. 이 작업을 약 1주일에 걸쳐서 진행하면 원하는 산란 구역이 만들어지고, 암컷은 그곳에 알을 낳는다. 그러면 수컷이 다가와 알들 위에 이리, 즉 정자를 뿌린다. 수정이 끝

연어들은 폭포수를 거슬러 올라가다 포식자에게 잡혀 먹히는 수가 많다. 특히 알래스카의 불곰은 연어 킬러이다. 폭포로 들어간 불곰(위)은 굉장히 정확하게 연어를 사냥한다(133쪽).

나면 암컷은 다시 지느러미를 흔들어 자갈을 수정란들 위로 덮는다. 이것으로 이 세상에서 자신이 맡은 역할은 끝난다. 알이 안전하게 부화하도록 조치를 취한 다음 조용히 눈을 감는 것이다. 자신의 몸에 있던 탄소, 인 등 광물질과 영양소들을 태평양에 다시 돌려주면서 말이다. 수컷 역시 산란이 끝나면 생명의 주기가 끝난다.

완두콩만한 알 무리들은 분홍색을 띠는데, 약 두세 달이 지나면 부화하기 시작한다. 안타깝게도 그 많은 알들 중에서 살아남는 것은 몇 마리 되지 않는다. 길이가 2.5센티미터인 치어는 한 달 가량 산란 구역에서 더 머무는데 이때 필요한 먹이는 치어 몸에 붙어 있는 알의 노른자에서 취한다. 보금자리를 떠나야 할 시기가 겨울과 겹치면 치어는 자신의 탄생지에 머물면서 여름을 기다리게 된다. 그러다 여름이 오면 태평양을 향해 긴긴 여행을 떠나는 것이다. 대양으로 가는 동안 바다 식물이나 곤충의 애벌레를 먹이로 삼지만, 반대로 새나 곤충, 다른 물고기들의 밥이 되기도 한다. 새끼 연어는 바다로 가는 길에 산란을 위해 고향으로 돌아가는 어른 연어들을 만나게 될 것이다.

■

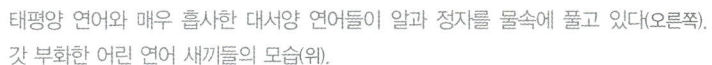
태평양 연어와 매우 흡사한 대서양 연어들이 알과 정자를 물속에 풀고 있다(오른쪽).
갓 부화한 어린 연어 새끼들의 모습(위).

그들은 열대림을 미끄러지듯 날아다닌다. 팔과 길게 늘어진 손가락은 물갈퀴 모양을 하고 있고, 넓게 펼쳐져서 날개를 만든다. 날개는 활짝 펴지면 폭이 1.5미터나 된다. 그들은 멋지게 날아다닐 수 있지만 새는 아니며, 이름과는 달리 여우도 아니다. 그들은 날아다니는 포유류이며, 세계에서 가장 큰 과일박쥐fruit bat이다. 호기심 가득한 큰 눈을 가진 얼굴 모습과 귀와 주둥이가 털로 덮인 까닭에 그들에게는 '날여우flying foxes'라는 이름이 붙었다. 오스트레일리아의 작은붉은날여우박쥐little red flying foxes는 진정한 허공의 방랑자라고 할 수 있다. 그들은 나무꼭대기에 둥지를 틀고 새끼를 낳아 키우며 꽃과 꿀을 쫓아다닌다.

야간 비행

이들은 인내심과 기술, 영리함, 필요에 따라 집단생활을 하는 점 등에서 굉장히 놀라운 모습을 보여 준다. 이들의 서식지는 작은 도시를 방불케 한다. 해가 비치는 동안에는 수천 마리, 많게는 백만 마리에 가까운 박쥐들이 나무꼭대기에 몸을 맞대고서 거꾸로 매달려서 잠을 잔다.

그러다 해가 지면 날개를 펼치고서 한 마리씩 공중으로 날아오른다. 그 광경은 마치 강한 바람이 불어 수 천 개의 이파리들이 나무꼭대기에서 하늘로 날아 올라가는 것 같은 느낌을 준다. 이들은 야음을 틈타 끽끽 우는 소리를 내며 먹이를 찾아 나서는데, 하룻밤에 80킬로미터나 날아다닌다. 그 먼 거리를 버텨 내다니 인내심이 보통이 아니다.

보통 박쥐들과는 달리 이들은 방향을 잡기 위해 음향 반사를 이용하지 않는다. 대신 이들은 코를 이용하며, 먹이를 찾을 때는 예리하고 색도 구별할 수 있는 눈을 활용한다. 이들은 과수원의 과일을 망가뜨려놓는 것으로 악명이 높지만, 실제로는 과일보다는 꽃을 더 좋아하고, 특히 꽃의 꿀을 빨아먹기를 즐긴다. 긴 혀를 이용해 꽃에서 꿀을 흡입하는 것이다. 가장 좋아하는 꽃은 칼슘이 풍부한 유칼립투스eucalyptus이다. 그러나 유칼립투스가 부족하면 새싹이나 나무껍질, 수액, 곤충, 과일 등을 먹는다. 작은붉은날여우박쥐는 다른 박쥐들과는 달리 먹이를 찾아서 내륙으로 가는 것을 두려워하지 않는다. 그들은 꽃들을 옮겨 다니면서 수분을 시키고, 활엽수 숲을 재생시키는 데도 큰 역할을 한다.

이들은 해가 뜰 무렵 야영지로 돌아오는데, 이때는 땅 가까이 아주 낮게 비행한다. 그래야 바람의 저항을 가장 적게 받기 때문이다. 그러나 이들 앞에는 예기치 않았던 장애물이 기다리고 있다. 바로 축산농장 등에 쳐 놓은 철조

팔에 날개가 달린 작은붉은날여우박쥐는 예민한 코를 이용해 달콤한 꽃과 꿀을 정확히 찾아낸다.

박쥐들은 밤이 깊어지면 거대한 무리를 이루어 열매가 풍족한 숲을 찾아 이동을 한다.

망 울타리가 그것이다. 철조망에 걸려들면 빠져나오려고 애쓸수록 더욱 깊은 상처만 입고 헤어 나오기가 어려워진다. 누군가가 도와주지 않는 한 살아 나오기는 힘들다.

야영지로 돌아오면 나뭇가지에 엄지손가락을 걸고서 사뿐히 내려앉는다. 그런 다음 거꾸로 매달린 모습으로 날카로운 외침 소리와 소란 속에서 잠을 청한다. 야영지가 좁을 경우 서로 좋은 자리를 차지하기 위해 소리를 지르고 싸우기도 하는 것이다.

1년 중 대부분은 암컷과 수컷이 같은 나뭇가지에서 잠자리에 들지만, 짝짓기 계절은 늦은 봄인 11월부터 다음 해 1월까지이다. 이때가 되면 수컷은 자기 영역을 표시하고는 대여섯 마리의 암컷에게 구애를 한다. 서로 마음이 맞은 짝들은 코를 비비거나 날개를 치면서 애정을 표시한다. 교미 시간은 약 20분이며, 교미 후에 몇 시간씩 서로 꼭 껴안고 있기도 한다.

임신을 하고 5개월 정도가 지난 4월이나 5월이 되면 암컷은 새끼를 낳는데

보통 한 마리를 낳는다. 새끼를 낳고 처음 한 달가량은 먹이를 구하러 갈 때 젖먹이를 데리고 다닌다. 이때 새끼는 자신의 발로 어미의 털에 꼭 달라붙는다. 작은붉은날여우박쥐의 유아기는 짧아서 두 달만 지나면 새끼는 혼자서 날고 먹이도 구해야 한다.

야영지는 두 달에 한 번꼴로 옮긴다. 한 번 자리 잡으면 그 주변 지역은 먹이가 거의 바닥이 나기 때문이다. 박쥐들은 야영지를 떠나기 전에 혀끝에서 나오는 오일 분비물을 날개에 바른다. 이렇게 하면 비행을 할 때 에너지 효율이 훨씬 커지기 때문이다.

그들이 버리고 떠나는 야영지는 거의 초토화되다시피 한다. 박쥐들이 이륙하고 착륙하고 거꾸로 매달려 잠을 자는 과정에서 나무 이파리들은 모두 떨어져 나가고 나무마다 배설물로 가득 차 있고, 어떤 나뭇가지들은 박쥐들의 무게를 견디지 못해 모두 떨어져 나간 상태다.

박쥐의 과거에 대해서는 아직도 미스터리로 남아 있다. 모든 박쥐 종류를 통틀어 가장 오래된 화석은 약 5000만 년 전인 에오세기까지 거슬러 올라간다. 이것은 진화의 시간으로 보면 극히 최근이라고 할 수 있다. 박쥐는 가장 종류가 다양한 포유류 중의 하나로, 전 세계에 1000종이 넘는 박쥐가 살고 있다.

박쥐는 적응력이 아주 뛰어나서 먹이가 있는 곳이라면 어디서든지 살아간다. 그래서 오스트레일리아 북쪽에서부터 남쪽 해안에 이르기까지 널리 퍼져 있다. 도시에서도 나무가 잘 가꾸어져 있거나 물만 찾을 수 있다면 야영지

회색 머리의 과일박쥐 새끼가 엄지손가락을 가지에 걸친 채 어미에게 찰싹 붙어 있다(142쪽). 어둠 속에서 눈을 크게 뜨고 있는 박쥐의 모습(오른쪽)과 열매를 먹고 있는 모습(왼쪽).

로 삼기 때문에 시드니나 멜버른, 브리즈번 같은 대도시 근교에서도 큰 규모의 박쥐 야영지가 발견된다.

작은붉은날여우박쥐는 1년간 3000킬로미터 이상을 비행하며 대나무 숲이나 유칼립투스 숲, 활엽수인 페이퍼바크paperbark 숲, 맹그로브mangrove 습지 등을 주로 야영지로 삼는다. 특히 맹그로브는 인간으로부터 보호막 역할을 확실히 해준다. 과거보다는 박쥐 사냥이 크게 줄긴 했으나 오스트레일리아 원주민들은 아직도 박쥐를 식용으로 삼는다. 또 다른 포식자는 바로 민물악어이다. 이들은 작은붉은날여우박쥐가 물을 마시기 위해 강 위로 낮게 날아갈 때 공중에서 박쥐들을 홱 낚아채 버린다.

하지만 민물악어는 그다지 대단한 위협적인 존재는 아니다. 과거 과수원 주인들이 자행했던 것에 비하면 악어에게 죽는 박쥐 수는 새 발의 피 수준이다. 과수원 주인들은 조직적으로 독약을 풀거나 사냥을 했다. 오스트레일리아가 영국의 식민지가 되기 전 수준까지는 아니지만 그래도 최근 작은붉은날여우박쥐의 수는 크게 늘었다. 숲이 벌목이나 농업용 혹은 도시 개발 명목으로 사라지지만 않는다면 날개를 가진 이 불가사의한 포유동물은 밤마다 날아올라 꽃 냄새를 찾아 멋진 비행을 계속하게 될 것이다.

■

해가 뜰 무렵 야영지로 돌아온 과일박쥐들이 뒷다리로 가지를 잡고 서로 달라붙어 있다(왼쪽). 암컷과 수컷은 일 년의 대부분을 같은 가지에 홰를 치며 함께 지낸다. 과일박쥐는 '하늘을 나는 여우'라는 별명답게 아주 뛰어난 비행 기술을 가지고 있다(위).

생존을

많은 동물들에게는 이동 경로가 그들의 본질 중 하나인 것처럼 보인다. 기억에 의한 것이 든 본능에 의한 것이든 혹은 설명할 수 없는 신기한 나침반에 의한 것이든 이들은 항상 같은 길을 따라 이동을 한다. 한다. 북보츠와나^{northern Botswana}의 얼룩말에게는 비가 곧 생명 이다. 그들은 비를 찾아 이동하는 운명을 타고 났다. 마찬가지로 매년 베링 해^{Bering Sea}와 추 크치 해^{Chukchi Sea} 사이를 이동하는 태평양 바다코끼리^{Pacific walrus}에게는 얼음이 곧 생명과 같 다. 미국 와이오밍 주에 사는 가지뿔영양^{pronghorn}에게는 눈이 대단히 중요하다. 이들은 봄

위한 질주

에는 눈이 녹는 북쪽을 향해 이동하고 가을이 오면 눈이 쌓이기 전에 남쪽을 향해 떠나는 것이다. 보르네오 섬의 열대우림에서는 거대한 무화과 열매를 쫓아 많은 동물들이 마라톤을 한다. 한편 해양의 복잡한 먹이사슬은 지구상에서 가장 큰 어류인 **고래상어**^{whale shark}와 **심해산란층**^{deep scattering layer}을 이루는 가장 작은 생물 중 하나인 동물성 플랑크톤이 생존을 위해 하루 한 번 이동을 하도록 만든다.

아프리카 남부의 칼라하리Kalahari 사막 중앙 지대에는 믿기 어려운 장관이 펼쳐진다. 매년 오카방고Okavango 강이 범람해 약 1만 5000제곱킬로미터에 이르는 면적을 뒤덮는 바람에 세계에서 가장 큰 내륙 삼각주가 형성된다. 덕분에 이 오아시스를 찾아 코끼리, 물소, 영양, 얼룩말 떼들은 물론 수백 종의 새들이 몰려든다. 11월이나 12월 초에 비가 내리기 시작하면 여기저기로 흩어지기 시작한다. 특히 어떤 알 수 없는 이유로 초원 얼룩말들이 엄청난 기세로 대이동을 시작하는 것이다. 그들이 향하는 곳은 오카방고 건너편 막가딕가디Makgadikgadi 지역에 있는 엄청난 크기의 염호이다.

비를 향해 달려라

북보츠와나에 있는 이 염호는 과거에는 내륙에 있는 호수였다. 이 호수는 지금의 오카방고 삼각주와 칼라하리 사막 일부에 걸쳐 있을 정도로 엄청난 크기였다. 약 1만 년 전 이 호수가 사라지면서, 대신 호수에 남아 있는 광물질들이 하얀색의 소금 표층을 형성했다. 과학자들은 초원 얼룩말들이 1년에 한 번씩 이곳을 찾는 까닭은 아마도 이 광물질들 때문이 아닐까 추측하고 있다. 막가딕가디는 '굉장히 넓은 죽은 땅'이라는 뜻이다. 하지만 우기가 되면 이 '죽은 땅'도 생명으로 충만해지는 것이다.

오카방고와 막가딕가디 염호 사이에는 초원과 삼림지대가 약 240킬로미터에 걸쳐 펼쳐져 있는데, 얼룩말들은 10일에서 20일가량 달려서 막가딕가디 지대에 도착한다. 먹이를 찾아 남동쪽을 향해 달리는 와중에 그들은 가끔 나타나는 물웅덩이나 작은 연못에서 목을 축인다. 이곳의 풀은 질겨서 웬만한 초식동물들은 먹지도 않는데 얼룩말은 소화력이 좋아 거뜬히 먹어 치운

다. 물론 풀을 소화시키기 위해 한나절 내내 계속 해서 풀을 씹어야 하는데 간혹 밤까지 이어지기도 한다.

막가딕가디 북쪽에는 보테티Boteti 강이 흐른다. 비가 많이 오는 해에는 유량이 풍부하지만, 가뭄이 드는 해에는 바닥에 물웅덩이가 생기는 정도다. 하지만 보테티 강은 이 건조한 지역에서 생명수 역할을 하고 있다. 이 강에는 초원 얼룩말 외에 누 무리도 모여든다. 또한 막가딕가디 지역에 항상 서식하고 있는 1만 5000마리 정도의 다른 얼룩말 일부도 보테티 강으로 모인다.

수컷 얼룩말은 여섯 마리나 되는 암컷을 거느리면서 '하렘harem'을 형성한다. 하지만 암컷들 사이에는 위계질서가 있다. 수컷은 제일 먼저 교미를 한 암컷을 가장 좋아한다. 이 '조강지처'는 다른 암컷들과 새끼들을 이끌며, 그 암컷이 낳은 새끼가 권력 서열 두 번째가 된다. 나머지 암컷들은 하렘에 들어온 순서에 따라 권리를 누리게 된다. 이 위계질서는 인간 사회 못지않게 엄격하다.

얼룩말들은 이용할 수 있는 물이 불충분하기 때문에 매년 비를 찾아서 이동을 한다. 오른쪽은 보츠와나에 서식하는 얼룩말들이다.

얼룩말들은 호수와 강에 도착하면 같은 목적을 가지고 모여든 누 무리와 합류한다.

수컷도 자주 새끼들을 키우는 데 관여한다. 또한 암컷들이 서로 다투지 않도록 감시를 하는데, 가끔은 새로 하렘에 들어온 암컷을 보호하기 위해 암컷들 사이의 분쟁을 중재하기도 한다. 그는 다른 수컷들과의 경쟁에서도 암컷을 지켜 내야 한다. 특히 번식기가 되면 '총각' 얼룩말들이 암컷을 꾀어내려고 근처를 어슬렁거리기 때문이다. 수컷들 사이에 싸움이 발생하면 서로 차고 물면서 격렬한 몸싸움을 벌이기 때문에 심각한 상처를 입는 경우도 많다. 싸움에 이긴 수컷은 노획물을 차지하게 된다. 즉 암컷들을 물려받아 교미를 하는 것이다.

지난해에 임신을 한 암컷은 이제 새끼를 낳을 때가 됐다. 갓 태어난 새끼는 처음 몇 달 동안은 어미 곁에 꼭 붙어 젖을 빨며 지내는 한편 어미로부터 풀을 뜯어 먹는 방법을 배우기도 한다. 새끼들은 어미가 짖는 소리나 울음소리 혹은 냄새나 얼룩무늬의 형태를 보고서 자기 어미를 구별한다. 얼룩말들은 얼룩무늬가 각자 다 다른데도 불구하고 포식자들에게는 이 얼룩무늬가 방해가 된다. 예를 들어 사자는 얼룩말을 사냥할 때 무리들 가운데서 특정한 얼룩말을 지목해서 눈으로 좇게 되는데, 얼룩말들이 달리면서 섞여 버리면 비슷한 얼룩무늬들 때문에 사냥의 대상을 놓쳐 버리는 경우가 흔하다.

사자들은 한낮에는 뜨거운 열기로 지쳐 있기 때문에 밤이 되어서야 사냥에 나선다. 얼룩말들도 이를 잘 알고 있기 때문에 어둠이 내리면 한층 주변을 예민하게 살핀다. 그래서 얼룩말들은 밤에는 사방이 확 트인 초원 대신에 나

■
번식기가 되면 수컷들 사이에는 자기 세력권을 지키고 암컷을 차지하기 위해 심각한 싸움이 벌어진다(왼쪽). 그런 와중에도 포식자인 사자의 움직임을 경계해야만 한다(위).

165

무들이 우거진 삼림지대로 들어가 먹이를 찾는다. 또한 이동할 때는 사자들을 따돌리기 위해 훨씬 빠르고 불규칙하게 달린다. 하지만 그런 방식이 항상 통하지는 않는다. 사자는 능숙한 사냥꾼인데다 서로 협력하면서 먹잇감을 쫓기 때문에 오래지 않아 얼룩말들을 따라잡아 포획하는 데 성공한다.

우기가 1월에서 2월로 넘어가면, 막가딕가디 지역의 풀들은 단백질 등 필수영양소가 줄어들고 퍼석퍼석해진다. 그래서 얼룩말들은 영양이 풍부한 풀을 찾아 비가 내리는 곳이라면 어디든지 달려간다. 하지만 보츠와나 지역은 비가 내리는 패턴이 일정하지 않다. 그래서 비가 많이 내리는 해에는 얼룩말의 숫자도 급증하고, 막가딕가디 지역에 여덟 달가량이나 머물기도 한다. 하지만 가뭄이 들면 개체 수도 급격히 줄고, 두 달 정도만 머물다가 떠난다. 대개의 경우 초원 얼룩말들은 4월 말 무렵에 오카방고로 돌아간다. 이 시기가 되면 염호에 물이 마르는 데다 설사 물이 있어도 소금기가 많아 마실 수 없기 때문이다. 그래서 얼룩말들은 서둘러 되돌

아간다. 오카방고에서 막가딕가디로 올 때는 10일에서 20일가량이 걸렸지만 되돌아가는 길은 1주일에서 열흘 정도밖에 걸리지 않는다. 건조한데다 뜨거운 태양까지 내리쬐고 있어 여유를 부릴 틈이 없다. 이 시기에는 칼라하리 사막에서 물을 찾기가 어렵지만 얼룩말들은 오는 길에 어디에 물웅덩이가 있는지를 봐 뒀기 때문에 그곳을 향해 발걸음을 서두르는 것이다. 이제 그들 앞에는 오카방고 강이 범람해서 생긴 거대한 삼각주가 기다리고 있다.

■

새끼 얼룩말은 몇 개월간 어미 곁에 붙어서 보살핌을 받는다. 새끼는 목소리와 냄새, 얼룩무늬 모양을 보고 자기 어미를 구별한다(오른쪽). 케냐의 초원에 열십자 모양으로 나 있는 얼룩말들의 발자국 표시(위).

인간의 눈에는 바다란 수평선으로 한없이 펼쳐져 있는 평면적인 대상으로만 인식되기 쉽다. 그러나 해수면 아래에 사는 생물들에게 바다는 수평적일 뿐 아니라 수직적으로도 인식되는 대상이다. 그들은 깊이에 따라 해수의 흐름이 다르고, 수온이 다르고, 빛의 밝기가 다른 바닷속을 위아래로 움직이면서 살아간다. 육지에서 벌어지는 동물들의 대이동 못지않게 바다 아래에서도 매일매일 경이로운 이동이 일어나고 있다. 바다 생물의 이동은 해양생태계에 균형을 잡아 주며, 그 결과 지구 전체를 건강하게 유지시키는 역할도 한다.

한없이 깊은 바다

바다에 어둠이 내리면 수백만 마리, 아니 수조 마리에 이르는 미세한 바다 생물들이 해저로부터 서서히 바다 표면으로 떠오른다. 그 이동 거리는 450미터에 이르는데, 아마도 지구상에서 가장 대규모의 동물 대이동이라고 할 수 있을 것이다. 이 생물들은 작은 것은 엄지손가락 정도이고 크다고 해도 15센티미터에 불과하다. 이들을 총칭해서 심해산란층deep scattering layer, DSL이라고 부른다. 이들의 숫자가 워낙 많아, 음향탐지기에서 발신되는 음파들조차 그들의 부레와 지방에 부딪혀 분산돼 버리기 때문이다.

2차 세계대전 때 음향탐지기를 관찰하던 장교들은 처음에는 이들의 존재를 몰랐던 탓에 이 무리들을 '해저'인 줄로 착각했다. 하지만 매일 밤마다 해저가 올라오는 것이 이상하다고 여겼다. 그러다 전쟁이 끝난 후인 1948년 과학자들은 군인들이 해저라고 믿었던 것이 사실은 엄청난 수의 동물성 플랑크톤과 새우, 게, 심해어, 뱀장어, 해파리 등의 유충과 그 밖의 다른 유기물들로 이루어져 있다는 것을 알게 되었다. 매일 심해산란층들이 해수면으로 올라오는 까닭은 바다 표면에 사는 식물성 플랑크톤을 먹기 위해서이다. 어느 생물학자는 심해산란층이 매일 밤 이동하는 현상은 인간이 한 끼 식사를 위해 매번 40킬로미터를 걸어가는 것과 같다고 비교하기도 했다.

식물성 플랑크톤과 심해산란층의 동물성 플랑크톤은 해양 생물의 먹이사슬을 지탱한다. 중앙아메리카 카리브 해 인근의 벨리즈Belize에서는 도미의 일종인 툼툼들도 먹이사슬의 한 축을 이룬다. 이들은 해안에 뿌리를 박고 자라는 식물인 맹그로브 숲에서 주로 서식하면서 봄이 되면 이동을 시작한다. 이동 시기가 되면 이곳을 나와 벨리즈 산호초 보호 지역을 거쳐 산호초들이 갑자기 300미터 아래로 푹 꺼지는 글래덴 스핏Gladden Spit 입구를 통과한다.

지구상에서 가장 큰 어류인 고래상어는 해양의 미세 유기물과 동물성 플랑크톤을 먹으며 산다. 이들은 100세까지도 살 수 있지만 그들의 거대한 몸통과 지느러미를 노리는 어부들 때문에 제 명을 살기가 쉽지 않다. 그래서 국제자연보호협회에서는 고래상어를 멸종 위기에 처한 보호종으로 분류하고 있다.

아래와 같은 극소 유기물이 세계에서 가장 큰 어류인 고래상어의 주요한 먹이이다.

심해산란층의 동물성 플랑크톤은 자신들보다 더 작은 유기물을 먹기 위해 매일 밤마다 바다 표면으로 이동을 한다.

이동을 끝낸 툼돔들은 보름달이나 반달이 뜨는 날 밤, 수면 60미터 아래에서 바다 표면으로 올라와 짝짓기를 시작한다. 그러나 그들이 교미할 때 내는 소리를 듣고서 큰돌고래 같은 포식자들이 모여든다. 지구상에서 어류 가운데 몸집이 가장 큰 고래상어도 이때를 기다려 왔다. 고래상어는 1년에 한 번 있는 툼돔의 이동에 맞춰 벨리즈 산호초 보호 지역을 찾아 먼 바다에서 이동해 오는 것이다.

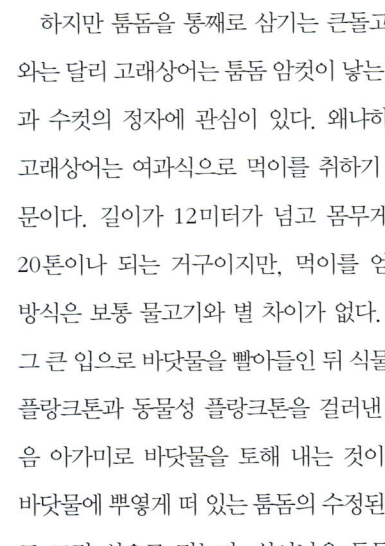

하지만 툼돔을 통째로 삼기는 큰돌고래와는 달리 고래상어는 툼돔 암컷이 낳는 알과 수컷의 정자에 관심이 있다. 왜냐하면 고래상어는 여과식으로 먹이를 취하기 때문이다. 길이가 12미터가 넘고 몸무게가 20톤이나 되는 거구이지만, 먹이를 얻는 방식은 보통 물고기와 별 차이가 없다. 즉 그 큰 입으로 바닷물을 빨아들인 뒤 식물성 플랑크톤과 동물성 플랑크톤을 걸러낸 다음 아가미로 바닷물을 토해 내는 것이다. 바닷물에 뿌옇게 떠 있는 툼돔의 수정된 알도 그런 식으로 먹는다. 살아남은 툼돔의 수정란들은 해류를 타고 이곳저곳으로 흩어진다.

고래상어가 바다를 헤집고 다니는 동안에도 심해산란층은 어김없이 밤이면 먹이를 찾아 해수면으로 올라왔다가 해가 뜨면 다시 해저로 되돌아가는 생활을 계속한다. 심해산란층은 식물성 플랑크톤으로부터 탄소를 얻은 다음, 배설물이나 호흡을 통해 탄소를 해저에 배출한다. 어쩌면 심해산란층의 이런 기능이 지구 환경 보호에 핵심적인 역할을 하고 있는 게 아닐까?

◼

바다거북은 번식을 하기 위해 먼 거리를 이동해 카리브 해로 온다(위). 바다거북은 고래상어처럼 수온이 좀 더 따뜻한 곳을 서식지로 삼는다(오른쪽).

보르네오^{Borneo} 섬의 열대우림은 세계에서 가장 높은 숲 지대이다. 이곳에 아침 햇살이 비치면 나무 높이 매달려 있던 수컷 긴팔원숭이^{gibbon}가 이를 반긴다. 빽빽한 숲 사이로 햇빛이 파고들면 긴팔원숭이 가족들은 공중곡예를 펼치기 시작한다. 새끼 원숭이는 어미 품에 꼭 안겨서 솜씨 좋게 가지를 옮겨 다니는 어미를 지켜본다. 그들의 목적지는 코뿔새^{horn-bill}의 울음소리가 나는 곳이다. 코뿔새는 이 숲의 전령이다. 그는 숲에 사는 동물들을 열매가 주렁주렁 달린 기생무화과나무^{strangler fig}들 쪽으로 불러 모은다. 잎이 무성한 무화과나무들이 서로 가지를 교차하면서 모여 있는 이곳에는 겨우 몇 줄기의 빛이 스며들 뿐이다. 그래서 시각만큼 청각도 중요하다. 이 열대우림에 사는 생물들에게 무화과나무는 주요한 생명선이다.

신을 즐겁게 하는 곳

기생무화과나무 가지에는 녹색의 작은 방울 같은 열매가 많게는 4만 개가량 달려 있다. 이미 익은 것도 있고 아직 설익은 열매도 있다. 새들은 물론이고 붉은잎원숭이, 긴꼬리원숭이, 말레이 어로 '숲 속의 사람들^{orang hutans}'이란 뜻을 가진 오랑우탄 등 영장류와 다른 동물들도 열매를 먹기 위해 모인다. 이 나무는 2년에 한 번씩만 열매를 맺는다. 그래서 숲 속의 동물들은 2년마다 찾아오는 이 시기를 축제처럼 기다린다. 열매가 가장 적당히 익었을 때를 기다려 숲 속 동물들은 달려온다.

이곳에 서식하는 식물이나 동물들은 나름대로 독특한 생존 기술을 지니고 있다. 구름이 스치고 갈 정도로 높은 지대인 이곳에 사는 동물들은 땅에 발을 딛는 경우가 거의 없다. 키가 60~80미터인 나무들을 옮겨 다니면서 지내기 때문이다. 달콤한 향을 뿜어내는 꽃무리들도 많지만 열매를 찾는 것은 쉽지 않아서 열매가 풍족한 시기에 빨리 따먹는 것이 이들에게는 아주 중요하다.

무화과나무는 열매가 풍부하기 때문에 이 숲에서 최고의 대접을 받는다. 이 나무가 이런 지위에 오르기까지는 많은 시간과 시련을 견뎌야 했다. 다윈과 동시대에 살았던 자연학자 앨프리드 러셀 월리스^{Alfred Russel Wallace}는 다윈과 마찬가지로 진화론과 자연선택설을 지지했다. 1800년대 중반에 보르네오 섬

보르네오 섬 열대우림에 아침 햇살이 비치고 엷은 안개가 끼면 긴팔원숭이, 긴꼬리원숭이, 오랑우탄 등이 먹이를 구하기 위해 기지개를 켠다.

보르네오 섬의 군눙팔룽(Gunung Palung) 국립공원에서 오랑우탄이 바카우레아(Baccaurea) 열매를 먹고 있다.

을 방문했던 월리스는 기생무화과나무들이 지금처럼 살아남을 수 있었던 것은 '생존을 위한 투쟁의 결과'라고 썼다. "이 식물의 제국에서는 동물들 사이의 투쟁만큼이나 식물들도 목숨을 건 생존 투쟁을 벌일 수밖에 없다. ……나무들이 빼곡히 자라고 있는 이런 환경에서는 햇빛을 더 많이, 더 빨리 받기 위해서는 다른 나무들보다 키가 더 커야 하는데 무화과나무는 이에 성공했다."

월리스에 따르면 무화과나무는 처음부터 키 큰 나무가 아니었다. 애초에는 다른 나무에 붙어 기생하는 착생식물이었다. 그러다 서서히 자신이 기생하고 있던 숙주 나무 주변의 땅으로 뿌리를 내리기 시작했다. 땅에 뿌리를 내리자 물과 영양분을 흡족하게 빨아들이게 되어 뿌리가 점점 굵어지면서 숙주 나무에 쐐기를 박듯이 뿌리를 뻗었다. 동시에 숙주 나무를 둘러싸면서 위쪽으로 덩굴을 뻗어 나갔다. 그렇게 시간이 흘러 마침내 무화과나무는 자신의 무성한 잎들로 숙주 나무를 덮어 버릴 수 있었다. 햇빛을 못 받은 숙주 나무는 결국

죽게 되었고, 그 자리를 무화과나무가 대신하게 되었다는 것이다.

무화과나무가 숲의 많은 동물들에게는 생존에 유리한 조건을 만들어 주었다. 이 나무에는 열매가 풍족했기 때문이다. 숲 속 동물들은 대개 열매를 다른 동물들과 나누려는 경향을 보이는데 긴팔원숭이만은 예외다. 열매를 먹지 못하도록 붉은잎원숭이를 내쫓는 등 유독 같은 영장류에게 야박하게 군다.

긴팔원숭이는 자기 가족이 사는 영역을 그 무엇보다 중시한다. 보통 두 마리에서 네 마리에 이르는 새끼들과 부부가 한 가족을 이룬다. 이들은 자기 땅

코주부원숭이는 강 근처의 맹그로브 숲에서 먹이 찾기를 좋아한다(왼쪽). 어미와 새끼 코주부원숭이가 나무 꼭대기에서 쉬고 있다(위).

을 확보하면 약 2킬로미터 거리에서도 들릴 정도로 큰 소리를 질러 다른 원숭이들이 접근하지 못하도록 경고를 보낸다. 특히 암컷이 내지르는 소리는 독특해서 마치 오페라의 여가수 디바처럼 떨림이 강하고 두 옥타브까지 음정이 올라간다. 또 무화과나무 열매를 먹으라고 가족들을 부를 때는 음색을 바꾸기도 한다. 유인원 가운데 가장 몸집이 작은 긴팔원숭이는 양팔을 번갈아 가

며 아주 능숙하게 나무를 타기 때문에 열매를 딸 때도 재빨리 움직인다. 그 숲의 진정한 왕은 오랑우탄이지만 동작이 느리기 때문에 긴팔원숭이들은 그 점을 알고 자신들의 빠른 스피드를 오랑우탄에게 과시하기도 한다.

오랑우탄은 열매를 먹는 동물 가운데 지구상에서 가장 몸집이 크다. 수컷은 1.4미터의 키에, 몸무게는 90킬로그램을 넘는다. 물론 이 거구를 유지하기 위해서는 엄청나게 먹어야 한다. 그래서 그들은 하루 종일 먹이를 찾아다니는 게 일이다. 또한 무리를 짓지 않고 대개 홀로 다닌다. 열매가 없으면 나무껍질이나 나뭇잎, 벌꿀, 곤충, 심지어 새의 알 등을 먹기도 한다. 하지만 그들은 열매를 먹을 때 가장 행복해한다.

오랑우탄의 몸속에는 무화과나무에 열매가 맺히는 때를 기억하는 어떤 장치가 있는 것처럼 보인다. 그러나 그런 장치가 없더라도 때가 되면 다른 동물들이 모여들어 서로 부르고 지저귀는 소리 등으로 소란스럽기 때문에 열매가 맺히는 철이 됐다는 것을 오랑우탄도 눈치챌 것이다. 문제는 동작이 느리기 때문에 다른 동물들이 열매를 다 먹어 치우기 전에 얼마나 빨리 그 곳에 갈 수 있느냐는 것이다.

덩치에 비해서 오랑우탄은 나무를 곧잘 타는 편이다. 물론 긴팔원숭이처럼 우아하게 가지를 잡고 나무를 옮겨 다니거나 점프하는 능력은 없다. 대신

자신의 체중을 이용해 나무를 흔들어 가지를 앞뒤로 움직이게 한 다음 긴 팔로 그 가지를 잡고 다음 나무로 이동한다.

오랑우탄이 열매가 맺힌 무화과나무에 도착할 때쯤이면 '축제'는 이미 막바지에 이르러 있다. 긴팔원숭이는 잘 익은 열매들을 따서 실컷 먹은 상태이고, 코뿔새는 전문가답게 열매를 공중으로 던진 다음 부리로 쪼아 먹고 있다. 오랑우탄 몫으로 남은 건 덜 익어서 시큼한 열매뿐이다. 그마저도 땅에 떨어뜨리는 경우가 태반이다. 그래서 땅으로 내려가 보면 수염멧돼지나 사슴, 산미치광이porcupine 등이 벌써 열매를 갖고 가 버린 뒤이기 십상이다.

해가 지면 오랑우탄은 작은 가지들을 구부려 서로 엮은 다음 그 위에 잔가지 등을 덮어서 임시 보금자리를 만든다. 가끔은 무화과나무에 둥지를 만들기도 한다. 아침에 일어나면 바로 열매를 따 먹을 수 있기 때문이다.

수컷 오랑우탄은 혼자 자지만, 암컷은 새끼가 여섯 살이나 일곱 살이 될 때까지는 낮에도 새끼와 함께 지내며 잠자리도 함께 든다. 새끼들은 다섯 살이나 여섯 살이 될 때까지 젖을 먹는데, 열매를 워낙 좋아하기 때문에 어미들이 열매를 따서 먹이기도 한다. 처음에는 암컷이 열매를 따서 새끼에게 주지만, 새끼도 금방 배우기 때문에 어미와 함께 다니며 열매를 따 먹는다. 간혹

다른 오랑우탄 가족을 만나는 경우가 있는데, 이때 새끼들끼리는 장난을 치고 놀지만 암컷들끼리는 서로 무시하고 모른 체한다.

암컷 오랑우탄이 다른 오랑우탄에게 관심을 나타내는 경우는 7년이나 8년에 한 번씩 찾아오는 발정기 때이다. 성숙한 수컷은 볼과 목에 패드처럼 주머니가 생기는데, 이 주머니가 클수록 더 매력적인 수컷으로 인정받는다. 암컷은 어리고 덜 성숙한 수컷보다는 자신이 좋아하는 성숙한 수컷을 만날 수 있기를 기대한다. 서로 짝을 맺더라도 암컷과 수컷은 서로 떨어져 지내며, 숲 속으로 크게 소리를 질러 '장거리 통화'를 함으로써 애정을 확인한다.

보르네오 열대우림에서 긴팔원숭이나 오랑우탄보다 훨씬 사회적인 유인원은 코주부원숭이이다. 코주부원숭이는 영장류 중에 가장 괴상한 외모를 가지고 있다. 몸집이 비교적 크고 올챙이배를 한 이 원숭이는 보르네오의 저지대 습지에서만 발견된다. 이들은 많게는 30마리까지 무리를 지어 요란하게 숲을 휘젓고 다니는데, 저녁에는 가정을 이룬 그룹과 독신 그룹이 함께 모여 열대우림에 있는 강 근처에서 밤을 보낸다. 낮에는 맹그로브 나무를 오르내리면

서 잎을 따 먹는데, 강에서 멀리 떨어진 곳으로 나가려는 모험은 하지 않는다.

코주부원숭이는 이름처럼 독특한 코 모양도 인상적이지만, 또 한 가지 다른 어떤 영장류에서도 찾아볼 수 없는 특징이 있다. 바로 발이 부분적으로 물갈퀴 모양을 하고 있다는 점이다. 오리를 닮은 이 물갈퀴 발은 코주부원숭이들이 개헤엄을 치면서 강을 건널 때 큰 효력을 발휘한다. 조용히 헤엄을 칠 수 있기 때문에 악어들에게 들킬 위험이 크게 줄어드는 것이다.

열대우림에 사는 다른 영장류로, 코주부원숭이와 사촌간이라고 할 수 있는 붉은잎원숭이도 집단생활을 한다. 하지만 이들은 10여 마리 정도로 좀 더 작은 무리를 이뤄 생활하며, 힘이 우월한 수컷 한 마리의 지배를 받는다. 이들은 요란하게 지절대면서 이동하며, 무화과 나뭇가지에 둥지를 틀고서 열매를 따 먹기도 한다.

보르네오 열대우림은 약 4년에 한 번꼴로 찾아오는 엘니뇨의 영향을 받는다. 해수면 온도가 수개월에 걸쳐 평년보다 높아지는 엘니뇨는 가뭄과 잦은 산불을 초래한다. 가뭄은 몇몇 동물들에게는 엄청난 타격을 주지만, 이 숲의 대부분을 차지하는 쌍떡잎식물들에게는 번창할 수 있는 기회가 된다. 그 결과 꽃들과 열매가 풍성해지면서 숲에 사는 동물들에게도 먹을거리가 많아진다. 기독교로 개종한 원주민인 다야크^{Dayak} 족은 이런 상태를 "신의 눈과 코를 즐겁게 하는 파라다이스"라고 불렀다.

세계에서 세 번째로 큰 보르네오 섬에는 이처럼 수백 년 동안에 걸쳐 쌍떡잎식물들이 주기적으로 번성하면서 숲을 풍성하게 해 왔다. 또한 이 식물들이 번창하는 주기와 주기 사이에는 무화과나무 열매들이 숲 속 동물들을 먹

보르네오 섬 열대우림은 다양한 원숭이들의 서식지이다. 코주부원숭이(186쪽), 붉은잎원숭이(오른쪽), 하얀수금긴팔원숭이(왼쪽) 등이 있다.

여 살린다. 그러나 이러한 순환주기가 최근에는 심각하게 위협받고 있다. 1980년대와 1990년대에 걸쳐 무분별한 벌목이 행해지면서 엄청난 피해를 초래했다. 최근 벌목을 크게 제한하고 있지만, 합법적이든 불법적이든 숲을 황폐화하는 일들이 근절되지 않고 있다. 심지어 국립공원 안이나 주변에서조차 삼림을 훼손하는 일들이 빈번하게 일어난다. 보르네오 섬의 저지대 숲은 절반 이상이 사라졌으며, 벌목으로 인해 토양 상태도 나빠져 식물들이 자라기 힘든 환경이 돼 버렸다. 숲이 사라지면서 강우 패턴에도 변화가 생기는 등 예측할 수 없는 상황들이 빚어지고 있다.

오랑우탄 같은 동물들도 서식지가 점점 줄어들어 위험에 처했다. 이런 거대 동물은 식물의 씨를 넓은 지역에 흩뜨리는 역할을 하는데, 경작지의 확대, 벌목, 산불 등으로 활동 공간이 좁아짐으로써 광활한 지역에 씨를 퍼뜨리지 못하게 되었다. 이런 현상들이 앞으로 숲의 생태계에 어떤 악영향을 미칠지 누구도 예측하지 못하고 있다.

오랑우탄은 보르네오 섬에서만 발견되는데, 이처럼 서식지가 점점 줄어든다면 결국은 멸종에 이르게 될 것이다. 국제자연보호협회는 보르네오 섬에 사는 오랑우탄의 수가 지난 60년간 절반으로 줄었을 것으로 추정하고 있다. 그래서 멸종 위험 보호 동물로 지정해 놓고 있다.

우리 잠시 복잡한 표정으로 숲을 응시하고 있는 오랑우탄의 눈을 한 번 들여다보자. 자신들이 살아온 세계가 눈앞에서 사라져 가는데도 맥없이 지켜볼 수밖에 없는 그들의 심정은 과연 어떨까?

■

황폐해진 숲이 보르네오 섬의 풍경을 망쳐 놓고 있다(위). 지구상에서 가장 놀라운 유인원 중 하나인 오랑우탄(오른쪽)을 비롯해 다른 원숭이들도 멸종의 운명에 놓여 있다.

가지뿔영양pronghorn은 이름과는 달리 영양이 아니다. 황갈색 피부에 염소를 닮은 독특한 생김새를 한 이들은 북아메리카에서만 찾아볼 수 있다. 한때는 바람이 휘몰아치던 미국 서부 텍사스 주의 고원을 내달리며 수천만 마리까지 번창한 적이 있다. 그러나 지금은 개체 수도 급격히 줄었고 환경도 척박해져 과거의 영광에서 떨어져 나온 환영처럼 쓸쓸히 떠돌고 있다. 가지뿔영양들은 1년에 두 번 약 200마리씩 무리를 지어 와이오밍 주 북서쪽을 향해 이동을 한다. 이들의 이동 거리는 북극을 제외하면 아메리카 육상동물 가운데 가장 길다.

사라지는 길

가지뿔영양은 인간이 아메리카에 정착하기도 전인 수백만 년 전부터 이곳에 뿌리를 내렸다. 그때는 날카로운 송곳니를 가진 호랑이와 치타가 함께 살았기 때문에 이들로부터 살아남기 위해 빠른 발을 가져야 했다. 그렇게 진화된 결과 가지뿔영양은 육상동물 중 가장 빠르고, 포식자들보다 훨씬 오랫동안 달릴 수 있는 지구력을 갖게 되었다.

그러나 최근의 역사에서 가지뿔영양의 가장 큰 적은 인간이었다. 1881년 한 해에만 약 5만 5000마리가 포획되어 가죽으로 팔려 나갈 정도였다. 밀렵으로 개체 수가 급속히 감소하자 미국 정부는 법을 제정해 사냥을 금지했고, 이후 안정을 찾아 지금은 와이오밍 주에 약 50만 마리가 서식하고 있다. 이것은 와이오밍 주 인구와 거의 비슷한 수치다.

가지뿔영양들은 파인데일Pinedale의 그린Green 강 유역과 북쪽의 그랜드티턴Grand Teton 국립공원을 이동한다. 그런데 이 지역은 미국 서부에서도 가장 급속히 개발이 진행되고 있는 곳이다. 그 때문에 1년에 두 번씩 이동을 할 때마다 사람들이 만들어 놓은 인공적인 설치물들을 헤쳐 나가야 하는 엄청난 과제를 안게 되었다. 파인데일과 주변 지역은 그동안 조용하고 한적한, 전형적인 미국 서부의 모습을 간직하고 있었다. 이곳은 대부분 국유지여서 국토관리국 등 연방 차원에서 보호가 되었고, 방목지 명목으로 개인에게 임대해 주기도 했다. 하지만 10년 전부터 지하자원을 개발하려는 기업들이 대거 몰려들면서 더 이상 한가로운 서부의 모습을 찾아보기 힘들게 되었다. 천연가스 굴착기들이 곳곳에 들어서면서 스카이라인을 가리기 시작했다.

잇따른 개발 붐은 대초원을 야금야금 잠식했고, 동물들의 이동 경로에까지 침범하게 되었다. 야생동물보호협회에서 일하는 생물학자 조엘 버거Joel

가지뿔영양은 미국 서부 고원을 상징하는 아이콘이지만, 이제는 빛바랜 옛날이야기처럼 돼 버렸다.

가지뿔영양은 북아메리카에서 가장 빠른 포유류이다. 이들은 한 세기 전과 비교하면 엄청나게 숫자가 줄어들었다.

가지뿔영양은 육지를 달리기에 적합한 몸매를 가졌지만, 강을 건너는 데도 능숙한 편이다.

Berger는 난개발로 인해 와이오밍 주와 인근 몬태나 주에서 가지뿔영양의 이동 경로 중 78퍼센트가 사라졌다고 말했다.

가지뿔영양들은 오랜 시간에 걸쳐 1년에 두 번씩 대이동을 해 왔기 때문에 그들의 유전자에는 조상 대대로 물려받은 이동 경로가 각인돼 있다. 야생동물학자 킴 버거^{Kim Berger}는 "그들은 어디에 가면 멀리 볼 수 있고, 또 빨리 달릴 수 있는지를 본능적으로 알고 있다."고 말한다. 가지뿔영양들이 거침없이 달리기 위해서는 탁 트인 초원이 필요하다. 그러나 녹지대가 개발에 점점 밀려나면서 이들은 심각한 위험에 처하게 됐다.

하지만 더 심각한 것은 와이오밍 주를 가로지르는 191번 고속도로이다. 이 도로가 가지뿔영양의 이동 경로를 끊어 버렸기 때문이다. 그럼에도 가지뿔영양들은 본능에 따라 고속도로를 횡단할 수밖에 없는데, 그것은 세렝게티의 누 무리가 악어로 가득 찬 마라^{Mara} 강을 건너는 것과 같은 정도로 위험천만한 일이다.

그린 강과 뉴포크^{New Fork} 강 주변은 옛날부터 가지뿔영양들에게는 이동 막바지에 극복해야 할 최후의 난관이었다. 왜냐하면 이 지점에서는 길의 폭이 400미터로 크게 줄어들기 때문이다. 일종의 병목현상인 셈이다. 그래서 수천 년 전부터 원주민들은 이곳을 '사냥꾼의 덫'이라고 불러 왔다. 실제로 이곳에서 6000년 된 가지뿔영양의 화석이 발견된 적이 있는데, 새끼를 밴

고속도로와 자동차들이 가지뿔영양의 오래된 이동 경로를 방해하고 있다(위). 천연가스 굴착기들도 이들의 서식지를 위협하고 있다(오른쪽).

196

암컷 가지뿔영양이 화살을 맞고 죽은 것이었다. 길목이 좁아지는 이곳에서 인디언 원주민들이 기다리고 있다가 가지뿔영양을 사냥했다는 것을 알 수 있다.

그러나 오늘날에는 화살이 아니라 고속도로를 지나가는 차들에 치여 희생되는 경우가 한 번'이동할 때마다 열 마리 정도는 생긴다. 또 하나, 방목지 주변에 목축업자들이 쳐 놓은 철조망도 과거에는 없었던 새로운 위협 요소이다. 특히 가을 발정기에 임신을 한 암컷들은 몸이 무겁기 때문에 수컷들처럼 점프를 해서 철조망을 넘기는 쉽지가 않다. 그래서 가끔 철조망 사이에 갇혀 가시에 찔리거나 이러지도 저러지도 못하다 죽음을 맞이하는 경우도 있다. 최근에는 가지뿔영양의 이동 시기에 맞춰 철조망 아랫단을 높여 안전을 도모하기도 하지만 아직 완전하지는 않다.

운 좋게 자동차도 피하고, 철조망도 피한 가지뿔영양들은 그로스벤트레
Gros Ventre 강을 따라 이동해서 마침내 늦봄 무렵이면 그랜드티턴 국립공원에 도착한다. 철조망도 없고 고지대에 목초지와 숲이 우거진 이곳이 그들에게는 평화의 땅이다. 암컷은 짧은 풀이 돋아난 곳을 찾아 새끼를 낳는데, 보통 두 마리가 태어난다. 갓 태어난 새끼는 몸에서 거의 아무런 냄새가 나지 않기 때문에 천적인 코요테 등 다른 포식자로부터 안전하다. 설사 낌새를 채고 코요테가 접근하더라도 어미가 필사적으로 쫓아내기 때문에 갓 태어난 새끼는 걱정할 필요가 없다.

그러나 이런 극진한 모성애에도 불구하고 성체까지 생존하는 비율은 극히 낮다. 그랜드티턴 국립공원의 경우 열 마리에 한 마리꼴이다. 교활하기로 악명 높은 코요테는 좀 자란 가지뿔영양을 노리지만, 늑대나 야생고양이인 짧은꼬리살쾡이, 검독수리 등은 어린 새끼를 사냥한다.

그랜드티턴 국립공원은 겨울이 일찍 찾아온다. 늦여름에 벌써 눈이 내리는 경우도 있다. 그래서 가지뿔영양들은 초가을이 되면 작은 무리를 지어 공원을 떠나기 시작한다. 산을 넘고 물을 건너 그들이 떠나왔던 파인데일로 되돌아가는 것이다.

봄에 파인데일을 떠날 때는 녹아 가는 눈을 따라 북쪽으로 향했지만, 이제

가지뿔영양들이 몸을 낮춰 철조망을 빠져나가려고 시도하고 있다(198쪽). 철조망에 끼어 죽는 경우도 있다(위).

는 내리는 눈을 피해 남쪽으로 발길을 돌린다. 등고선이 높은 지역에서는 눈이 깊이 쌓이기 때문에 자칫 길을 잃을 수도 있다. 실제로 1993년 늦게 이동을 시작한 가지뿔영양 한 무리가 일찍 내린 눈에 갇혀 산에서 죽음을 맞이한 적도 있었다.

모든 과정이 순조롭게 풀려 와이오밍의 혹독한 바람과 추위를 잘 견뎌 낸다면, 가지뿔영양들은 다음 해에 다시 고된 이동을 하게 될 것이다. 하지만 소수의 환경운동가들의 호소가 받아들여진다면 그들이 이동하는 경로도 좀 더 편해질 수 있을 것이다. 얼마 전 야생동물보호협회와 환경운동가들은 국립이동통로를 만들자는 제안을 했다. 가지뿔영양들이 안전하게 이동할 수 있는 길을 확보해 주자는 취지였다. 지금까지 이 운동을 통해 확보한 길은 폭 1.6킬로미터, 길이 800미터에 불과하다. 그것도 대부분 국유지에 속한다. 또한 반대하는 세력도 만만치가 않다. 그러나 안전한 이동 경로가 마련되지 않는 한 그랜드티턴 국립공원의 가지뿔영양들은 죽음을 맞이할 수밖에 없을 것이다. 물소가 뛰어다니고 광활한 목초지가 펼쳐져 있던 서부. 향수 어린 그 서부의 마지막 흔적인 가지뿔영양마저 사라지게 할 셈인가!

■
가지뿔영양들은 오래전부터 전해 내려온 이동 경로를 따라 움직인다(위). 급한 물살이 흐르는 강물을 건너는 것이 이들에게는 굉장한 도전이다(오른쪽).

태평양 바다코끼리walrus는 얼음이 삶의 터전이다. 알래스카와 러시아에 걸쳐 있는 대륙붕을 따라 형성된 얼음 위에서 주로 생활하기 때문이다. 산소 호흡을 하는 해양 포유류인 바다코끼리는 얼음 위에서 휴식을 취하고, 새끼를 낳고 키우며, 얼음을 이용해 이동한다. 그러나 지구온난화 탓으로 얼음은 점점 줄어들고 있어 갈수록 바다코끼리의 이동은 힘겨워지고 있다.

얼음 위의 여행자

매년 겨울이 오면 수천 마리의 바다코끼리가 북극에서 내려와 베링 해 쪽으로 모여든다. 겨울에는 북극해 전체가 얼어 버려 그들이 필요로 하는 유빙, 즉 떠다니는 얼음을 찾을 수 없기 때문이다. 바다코끼리는 유빙 위에서 생활하다가 먹이를 찾으러 바닷속으로 뛰어든다. 얼음이 바람에 밀리면 몇 킬로미터씩 옮겨 가기도 한다. 베링 해는 영양분이 풍부한 아나디리Anadyr 해류가 휘도는데다, 유빙도 탄탄해 겨울나기에 제격이다. 또한 수심이 낮아 바다 밑바닥에 있는, 그들이 가장 좋아하는 조개도 잡아먹기가 수월하다. 이들은 베링 해에서도 세인트로렌스St. Lawrence 섬 남서쪽을 선호한다. 이곳에 모여 새끼도 낳고 조개도 먹으면서 북극의 겨울이 끝나기를 기다리는 것이다.

이들은 75~90미터를 잠수해 바닥에 도착한 다음 뒷지느러미로 침전물을 헤치고 예민한 코털, 즉 수염을 이용해 조개와 해삼, 게, 바다 벌레 등을 찾아먹는다. 몸무게가 2톤 정도인 수컷이 하루에 먹는 양은 약 45킬로그램 이상이며, 1톤가량 나가는 임신한 암컷이 먹는 양은 이보다 더 많다.

세인트로렌스 섬 인근의 얼음층이 약해지기 시작하면 이들은 좀 더 북쪽에 있는 추크치 해를 향해 긴 여행을 떠난다. 무리를 이뤄 이동하는 수컷들은 도중에 육지에 잠깐씩 오르기도 한다. 반면 암컷들은 4월 무렵까지 기다렸다가 출발한다. 암컷들은 다른 암컷들과 새끼들을 다 불러 모아 떠다니는 유빙에 올라 이동한다. 임신한 암컷은 이동하는 중에 얼음 위에서 새끼를 낳게 된다. 바다코끼리의 임신 기간은 약 15개월이며, 갓 태어난 새끼는 2년 동안은 어미 곁에 붙어서 먹이를 받아먹으며 지방층을 두껍게 한다.

분홍빛이 도는 갈색 피부를 한 바다코끼리들이 유빙에 몸을 싣고 좁은 베링 해협을 지나, 북극권 한계선을 거쳐서 추크치 해를 향해 무리 지어 이동하는 모습은 장관이다. 이 육중한 몸무게를 받치고 가려면 얼음은 밀도가 매우 높아야 한다. 바다코끼리들은 얼음 위를 오를 내릴 때 엄니 – 길이가 약 90센티미터인 이 엄니는 송곳니가 길어서 된 것이다 – 를 얼음에 걸어서 몸을 싣고 내린다. 얼음 위에 있을 때는 워낙 차가워 피가 잘 통하지 않기 때문에 피

태평양 바다코끼리는 수염으로 해저에 있는 먹이를 찾아내고, 엄니로는 적과 싸우거나 얼음 위를 오르내릴 수가 있다. 바다코끼리들이 먹이를 찾는 과정에서 해저에 만든 고랑이나 그들이 먹고 버린 연체동물 껍질들은 해저 생태계에도 좋은 영향을 미치고 있다.

바다코끼리들이 번식기가 시작되기 전에 해변에서 휴식을 취하고 있다.

바다코끼리가 하나씩 도착함에 따라 해변은 거대한 몸집을 가진 포유류들의 야영지처럼 돼 버렸다.

부가 얼음처럼 창백해진다. 그러나 잠시 육지에 올라와서 햇볕을 받고 나면 피가 원활하게 돌면서 다시 원래의 분홍갈색을 되찾는다.

갓 태어난 새끼를 둔 어미는 다이빙을 할 때마다 애를 먹는다. 어미는 항상 새끼를 옆에 끼고 있기 때문에 먹이를 찾아 바다에 뛰어들 때도 등에 새끼를 태워야 하기 때문이다. 만약 새끼를 두고 어미가 바다에 들어가면 범고래 –

혹은 얼음이 육지에 가까울 때는 북극곰– 같은 포식자들의 먹이가 될 수 있다. 이들은 얼음 주변에 있는 새끼를 덮치거나 그게 여의치 않으면 얼음을 뒤집거나 깨기도 한다. 새끼가 좀 더 자라 다른 새끼들과 어울려 놀 시기가 되었을 때는 가끔 어미가 다이빙한 사이에 무리로부터 멀리 떨어져 나가 홀로 고립되기도 한다.

그러나 수컷은 이런 걱정에서 자유롭다. 북극 최고의 포식자인 북극곰들조차 수컷 바다코끼리는 웬만해서 공격하려고 하지 않기 때문이다. 그래서 일단 추크치 해에 도착하면 수컷들은 얼음을 떠나 섬에 상륙한 다음 해안에서 휴식을 취한다. 수천 마리가 넘는 이 수컷 무리들은 서로 몸을 기댄 채 마치 개선가라도 부르듯 큰 소리로 울부짖는다.

이 여름 기간 동안 바다코끼리들은 털갈이를 한다. 새 털이 나는 동안 수컷들은 꾸벅꾸벅 졸거나 수면을 취하지만, 암컷들에게는 그런 사치를 부릴 여유가 없다. 암컷들을 새끼를 키워야 하기 때문에 털갈이 중에도 얼음 위에서 생활하면서 부지런히 바닷속을 들락날락해야 한다.

새끼들에게는 육지가 얼음 위보다 더 위험하다. 그래서 새끼를 거느린 암

컷 무리들은 섬으로 올라가는 것을 좋아하지 않는다. 그러나 지난 몇 십 년 사이에 여름철 북극 바다의 얼음이 엄청나게 줄어들어 바다코끼리들에게 위협이 되고 있다. 특히 대륙붕이 있는 수심이 얕은 바다에서 그 정도가 심하다. 최근 6년 동안 추크치 해의 대륙붕이 짧게는 1주, 길게는 두 달 반 동안 아예 얼음이 얼지 않는 경우가 생겼다. 이런 일은 과거에는 없던 현상이다.

1980년대는 물론 1990년대에도 해안 가까운 얕은 바다에서조차 늘 얼음은 있었다. 얼음이 없으면 암컷 바다코끼리들은 새끼들을 키우는 데 심각한 난관에 봉착한다. 얼음을 찾으려면 추크치 해 위쪽으로 가야 하는데, 그 바다는 수심이 워낙 깊어 먹이를 찾으러 잠수를 할 수가 없다. 결국 얼음 위에서 오도가도 못 하고 굶주리게 된다. 바다코끼리는 해양 동물이긴 하지만 수영 속도가 빠르지 않고 잠수 시간도 길지 않다. 결국 암컷 무리들에게 마지막 남은 선택은 어쩔 수 없이 수컷들이 모여 있는 해안으로 올라가는 것이다.

아직 몸무게가 130~180킬로그램밖에 나가지 않는 어린 바다코끼리들이

바다코끼리는 육지에서는 행동이 굼뜨지만 바다에서는 수영 전문가이다(위). 얼음들 사이로 난 구멍을 통해 잠수해서 먹이를 찾을 때 이들은 편안함을 느낀다(209쪽).

수컷 무리에 합류하면 마치 사람이 많이 모인 대중 집회에 치와와가 섞여 있는 것같이 보인다. 새끼들은 육지로 기어오르는 데 익숙하지 않아 그 과정에서 에너지를 많이 소비하게 된다. 때때로 수컷들이 잘못해서 혹은 일부러 엄니를 휘두르는 바람에 상처를 입기도 한다.

바다코끼리는 기각류(바다코끼리과, 물개과, 바다표범과) 중에서 번식률이 가장 낮다. 암컷은 2년에 한 번 새끼를 낳는다. 과거에는 바다코끼리의 수명이 보통 40년, 길게는 60년까지 되기도 했지만, 지구온난화가 진행되면서 생존 환경이 나빠져 일찍 죽는 경우가 많아졌다.

바다코끼리의 감소는 해저 생태계는 물론 북극 생활권에도 나쁜 영향을 미치고 있다. 알래스카 이누이트 족은 전통적으로 바다코끼리에 크게 의존해 왔다. 이들은 수천 년 동안 바다코끼리 고기를 먹어 왔고, 가죽은 벗겨서 배를 만드는 데, 창자는 우비로 활용했다. 매년 겨울 바다코끼리들이 알래스카로 돌아오면 이누이트들은 그들을 기다렸다가 사냥을 했다. 그러나 이제는 그 수가 크게 줄어든 탓에 가뜩이나 가혹한 환경에 큰 타격이 되고 있다.

현재 태평양 바다코끼리가 얼마나 있는지 정확한 숫자는 알지 못한다. 하지만 얼음이 사라지면서 바다코끼리도 줄고 있는 것은 분명하다. 이런 추세가 계속된다면 매년 베링 해협을 따라 수천 마리의 바다코끼리들이 북쪽으로 이동하는 그 장엄한 광경을 다시 보지 못할 수도 있다.

■

바다의 얼음은 바다코끼리의 생존에는 필수적이다(왼쪽). 그러나 북극이 따뜻해지면서 얼음이 점점 줄어들고 있다. 어미를 놓쳐 버린 새끼 바다코끼리는 북극곰의 손쉬운 먹잇감이 된다(위).

만찬 혹은

이동하는 동물들은 먹이를 따라 여행 스케줄이 정해진다. 한 지역에서 먹이가 떨어지면 먹거리를 찾아 하염없이 떠나는 것이다. 코끼리는 한때 북북 아프리카에 널리 번성했지만 지금은 얼마 남지 않은 마지막 생존자들이 옹색한 삶을 이어 가고 있다. 그 가운데 말리^{Mali}의 **사막 코끼리**들은 먹이와 물을 찾아 건조한 지대인 사헬^{Sahel}에서 험난한 여정을 펼친다. 바다에서 가장 대단한 포식자인 **백상아리**^{white shark}도 위험에 처해 있다. 먹잇감을 찾아 떠도는 그들의 이동은 결코 순탄하지가 않다. 팔라우^{Palau} 섬의 작은 호수에 사는 **황금해파리**^{gold-}

굶주림

en jellyfish는 자신만의 독특한 진화 과정을 거치면서 매일 한 번 생존을 위해 수면 위로 이동한다. **미시시피강 상류**는 철새들이 이동하는 계절이 되면 수백만 마리의 새들이 하늘을 가득 채우면서 지구상 어디에서도 볼 수 없는 비경이 펼쳐진다. 그들 중에는 멸종의 위기에서 갓 벗어난 새들도 있다. 인간에 의한 지속적인 위협 속에서도 살아남아 개체 수를 늘려 가는 그들의 모습은 인내와 희망의 증표라고 할 수 있다. 이들이 앞으로도 변함없이 푸른 하늘과 대양과 육지를 계속 이동하게 될 것이라는 그런 희망!

그들은 심해로부터 올라와 마치 어뢰처럼 미끄러져 가면서 이동한다. 백상아리^{white shark}는 오랫동안 가장 잔인한 포식자로 알려져 왔다. 그러나 이 동물에 대해 아직 우리는 다른 많은 해양 생물들처럼 모르는 것들이 많다. 유선형의 날씬한 몸매를 가진 백상아리는 정말로 물불 가리지 않는 잔혹한 살상 동물인지, 그들은 어떻게 번식을 하는지, 그들이 새끼를 낳고 키우는 장소는 어디인지, 그들은 주로 어디를 떠도는지 등등 미스터리이다. 그러나 최근 추적 기술이 발달하면서 이들의 이동 경로는 어느 정도 파악되고 있다.

바다의 방랑자

멕시코 해에는 백상아리와 그들의 먹잇감이 모이는 곳이 있다. 멕시코의 바하 칼리포니아^{Baja California} 반도 서쪽, 온대와 아열대가 교차하는 지점에 둘레가 35킬로미터에 이르는 과달루페^{Guadalupe} 섬이 있는데, 이 섬을 둘러싸고 해조류가 풍부한 바닷물이 흐르고 있는 것이다. 그래서 이곳에는 열대 파랑비늘돔, 쥐치, 개복치, 은대구 등이 몰려들고 이들을 노리고 돌고래와 둥근머리돌고래, 민부리고래 등 희귀한 바다 포유류들이 찾아온다. 물개와 몇 달간 남쪽으로 떠나 있었던 코끼리바다표범도 과달루페 섬으로 돌아오는 것을 볼 수 있다. 거대한 바다에 찍힌 점처럼 보이는 과달루페 섬은 화산섬으로, 오래전부터 이들에게는 산란 장소이자 털갈이 장소일 뿐 아니라 최후의 안식처였다. 19세기 전만 해도 덩치가 크고 지방층이 두터운 고래와 코끼리바다표범은 북태평양에 널리 퍼져 있었다. 그러나 19세기 초부터 바다 사냥꾼들의 집중적인 표적이 되면서 위기에 처했다. 특히 코끼리바다표범의 지방으로 만든 기름이 램프 연료용으로 인기를 끌면서 대량 살육의 희생양이 됐다. 그 결과 19세기 말에는 살아남은 코끼리바다표범의 수가 100마리 정도에 불과했다.

이들은 바다표범잡이 배들을 피하기 위해 과달루페 섬 해안의 바위틈에 몸을 숨겼다. 그렇게 숨었음에도 가끔 사냥꾼들과 박물관 수집가들에게 발각돼 생포되거나 살상되는 경우도 있었다. 어쨌든 완강히 버틴 코끼리바다표범들은 역경을 헤치고 살아남았다. 보다 못한 멕시코 정부는 1922년 코끼리바다표범에 대한 사냥을 금지하는 한편 과달루페 섬을 생물 보호구역으로 지정했다. 이것은 세계 최초의 생물 보호구역이었다.

이 조치는 성공을 거두어 지금은 사냥이 시작된 19세기 이전의 숫자와 비

백상아리가 접근하면 아무리 큰 바다 포유동물도 생명의 위협을 느끼지 않을 수 없다.

바다의 우두머리인 백상아리는 아주 조용히 먹잇감에게 접근한다.

백상아리의 거대한 턱을 벗어날 수 있는 해양 동물은 없다. 코끼리바다표범조차도 굶주린 백상아리에게 물리면 몸의 태반을 잃어버리게 된다.

숫한 약 15만 마리가 넘는 코끼리바다표범들이 북태평양을 누비고 있다. 그런데 코끼리바다표범은 인간 사냥꾼들로부터 보호를 받는 데는 성공했지만 자연의 사냥꾼, 즉 백상아리의 공격으로부터는 자유롭지 못했다.

몸길이 4.5미터에 몸무게는 2톤이 넘는 백상아리는 온대 해양과 열대 해양을 떠돌아다닌다. 사람들은 오래 전부터 백상아리가 굉장히 무시무시한 동물이라고 믿어 왔다. 1975년에 나온 스티븐 스필버그 감독의 영화 〈조스〉는 이런 편견을 더욱 부채질했다. 그러나 〈조스〉의 원작자였던 피터 벤츨리 Peter Benchley는 훗날 "내가 창조한 그 바다 괴물은 허구일 뿐이며, 사실 백상아리는 굉장히 매력적인 동물"이라고 해명했다.

사람들이 백상아리에 대해 공포심을 갖게 된 까닭은 수심이 얕은 해수욕장 근처를 자주 지나다니기 때문이다. 하지만 백상아리가 사람을 공격하는 경우는 아주 드물다. 백상아리가 즐겨 먹이로 삼는 것은 바다 포유류이다.

겨울이 다가오면 코끼리바다표범들이 멕시코 연안에서 240킬로미터 떨어진 과달루페 섬을 향해 이동한다는 것을 백상아리도 알기 때문에 이 시기가 되면 이들을 노리고 이동하기 시작한다. 코끼리바다표범들이 북태평양에서 멕시코 해를 향해 이동하는 데는 수개월이 걸린다. 그동안 코끼리바다표범들은 수면으로는 거의 올라오지 않은 채 바닷속 깊이 잠수하면서 이동한다.

코끼리바다표범이라는 이름은 수컷의 코가 코끼리 코를 닮아서 붙여진 것

■

백상아리에게 물려 커다란 상처가 난 코끼리바다표범(위). 오랜 이동을 끝낸 코끼리바다표범들이 서로 몸을 겹친 채 쉬고 있다(오른쪽).

이다. 수컷은 자라면서 코가 길게 늘어나 화를 내거나 흥분하게 되면 크게 부풀어서 코끝이 입속으로 구부러져 들어간다. 암컷보다 먼저 목적지에 도착한 수컷은 짝짓기를 위해 섬의 해안에 자기 영역을 확보한다. 이를 위해 다른 수컷들과 치열한 싸움을 벌이기도 하는데, 그 과정에서 몸에 큰 상처를 입기도 한다. 또한 백상아리한테 공격을 받고 살아난 코끼리바다표범들에게는 커다란 이빨 자국이 남아 있기도 하다.

백상아리는 다른 상어들처럼 '제6의 감각'을 가지고 있는데, 그것은 바로 '로렌치니 기관ampullae of Lorenzini'이다. 섬모세포 다발로 이루어진 로렌치니 기관은 머리 위쪽에 있으며, 피부 구멍과 연결돼 전기신호를 뇌에 전달하는 역할을 한다. 1678년 이탈리아의 해부학자 스테파노 로렌치니가 처음 제기한 것으로 알려져 있다. 로렌치니 기관은 워낙 예민해서 5억분의 1볼트까지 잡아낼 수 있다. 이 기관 덕분에 백상아리는 다른 동물들 몸에서 나오는 전기장을 포착해 추적할 수 있는 것이다. 백상아리는 또한 후각이 대단히 발달해 냄새를 기막히게 맡는다. 냄새는 물속보다는 공기 중에서 더 잘 퍼지기 때문에 백상아리는 가끔씩 물 밖으로 머리를 내밀어 먹잇감을 찾아낸다.

먹잇감을 발견하면 백상아리는 꼬리를 흔들어 추진력을 만들면서 쏜살같이 나아간다. 과달루페 섬에서 가장 선호하는 먹잇감은 지방층이 두터운 코끼리바다표범이다. 백상아리는 뛰어난 킬러여서 효율적으로 공격하는 법을 알고 있다. 코끼리바다표범을 발견하면 수면 아래로 내려가 뒤쪽으로 다가간 다음 아래턱을 내밀어 한입에 물어 버리는데, 몸길이의 4분의 1가량이 입안에 들어온다. 일단 물면 코끼리바다표범이 피를 많이 흘려서 스스로 죽을 때까지 꼼짝하지 않고 기다린다. 숨을 거두고 나면 톱니 모양의 이빨로 먹잇감을 꽉 문 채 좌우로 흔들면서 한입 크게 베어 먹는다. 백상아리는 대사 비율이 낮아 이렇게 한 번에 필요한 지방을 섭취하고 나면 한 달을 지낼 수 있다.

암컷 코끼리바다표범이 도착하는 짝짓기 시기는 백상아리들에게 더 없이 좋은 기회이다. 암컷들은 수컷보다 더 오랫동안 바다에서 지냈기 때문에 과달루페 섬에 도착할 때쯤엔 기력이 많이 떨어져 있다. 또한 처음 짝짓기를 하는 어린 암컷은 경험이 없어 백상아리에게 손쉬운 먹잇감이 되기 쉽다.

봄이 다가오면 짝짓기를 마친 코끼리바다표범들은 다시 북태평양을 향해 이동할 채비를 한다. 백상아리도 떠나야 할 때가 왔다. 조사에 따르면 과달루

번식기를 맞은 코끼리바다표범들이 과달루페 섬 해변에 모여 있다(230쪽). 해안에서 멀지 않은 바다에서 상어들이 코끼리바다표범을 공격하고 있다(위).

페 섬 부근을 떠난 백상아리들은 태평양 중에서도 바하 칼리포니아와 하와이 중간 지점에 집중적으로 모이는 것으로 드러났다. 이것을 처음 확인한 것은 2002년 미국 몬트레이^{Monterey} 만 수족관 연구진들이었다. 위성 장치로 백상아리들의 움직임을 추적해 이 지역을 알아낸 연구진들은 그곳을 '백상아리 카페'라고 불렀다. '카페'라고 부른 까닭은 이곳에 모인 백상아리들이 한가롭게 시간을 보내고 있었기 때문이었다. 먹잇감을 찾으러 다니지도 않고 그저 300미터 깊이까지 잠수를 했다가 다시 올라오는 등 한가로운 시간을 보내고 있었다. 그들이 왜 깊이 잠수를 하고, '백상아리 카페' 부근에 집중적으로 모이는지에 대해서는 아직 제대로 밝혀진 게 없다.

백상아리들은 뛰어난 기술을 가진 포식자이지만 점점 그 수가 줄고 있다. 지난 50년간 약 60~90퍼센트가량 개체 수가 감소한 것으로 추정하고 있다. 그러나 정확히 몇 마리쯤 살아 있는지는 파악하지 못하고 있다.

백상아리는 번식력이 낮고 성장률이 더디기 때문에 개체 수를 늘리는 데 한계가 있다. 국제자연보호협회는 백상아리를 보호종으로 규정하고 있다. 하지만 아직도 일부 지역에서는 불법 어획이 이루어지고 있고, 서식지가 갈수록 줄고 있어 전망이 밝지만은 않다. 백상아리가 인간을 위협하는 것이 아니라 오히려 인간들에 의해 백상아리가 멸종의 위협에 처해 있는 것이다. 이 멋진 킬러가 사라진다면 해양생태계에도 큰 영향을 미칠 것이다.

■

백상아리가 물결을 가로질러 나아가는 모습을 갈매기들이 지켜보고 있다. 이들은 백상아리가 먹고 남긴 찌꺼기를 노린다(위). 서부갈매기(western gull)들이 무리를 지어 먹이를 찾고 있다(오른쪽).

아프리카 말리 중북부에 있는 사헬은 남쪽에 있는 사하라 사막으로부터 모래가 끊임없이 날아오고, 비는 거의 내리지 않으며, 강렬한 햇빛이 내리비치는 건조 지대이다. 한낮의 기온이 보통 50도 가까이 올라가는 이곳에서 사막 코끼리들이 살아가고 있다. 이들은 매년 480킬로미터 −이것은 코끼리의 이동 가운데 가장 긴 거리이다− 를 이동하면서 가혹한 기후에 적응하는 법을 배워 왔다. 그러나 갈수록 기후가 불안정해지고, 개발에 열을 올리는 인간들에게 밀려 이들은 그 어느 때보다 앞날이 불투명한 처지에 놓여 있다.

벼랑 끝에 몰린 생존

육상동물 중 덩치가 가장 큰 코끼리들은 과거부터 아프리카 최남단의 희망봉에서부터 북쪽 지중해 연안에 이르기까지 아프리카 땅 전역에 퍼져 있었다. 19세기 말 무렵만 해도 이들은 아프리카 서부에 꽤 많이 살았다. 그러나 20세기에 접어들면서 코끼리들이 살 수 있는 땅은 점점 줄어들기 시작했다. 사헬의 경우 이 기간 동안 코끼리는 이전에 비해 겨우 몇 퍼센트만 살아남은 반면, 거주하는 사람 수는 5배나 늘었다. 이 척박한 땅에 인구가 4000만이나 된다. 그래서 남아 있는 350~400마리의 코끼리들은 이 많은 사람들과 그들이 키우는 가축들과 경쟁하면서 먹이와 물을 찾아야 하는 신세가 됐다. 물론 목초지 면적은 역사상 최악의 수준으로 떨어졌다.

말리 중부의 통북투Tombouctou에는 모래 평원들 사이에 넉넉지 않은 녹지가 흩어져 있어 우기에는 코끼리들이 이곳에서 생활한다. 그러다 건기가 시작되면 코끼리들은 물과 먹이를 찾아 통북투 북쪽 끝에 있는 습지대로 몰려든다. 수컷 코끼리는 보통 홀로 다니지만, 암컷과 어린 코끼리들은 무리를 지어 이동한다. 이들은 앞뒤 거리가 1미터를 넘지 않도록 일렬로 늘어서서 뜨거운 태양을 피해 나무 그늘 밑으로 느릿느릿 걸어간다. 암컷 중에서 우두머리가 행렬 맨 앞에서 무리를 이끈다.

우두머리는 나이가 많을수록 이동 경험이 많기 때문에 새끼와 어린 코끼리들을 보호하면서 효과적으로 무리를 잘 이끌어가게 된다. 갓 낳은 새끼는 태어난 지 한 시간도 지나지 않아 혼자 일어설 수 있다. 새끼는 몇 년간 어미의 보살핌을 받으며 자라는데 다른 암컷들이 거들기도 하고 험난한 말리 사막에서 살아가는 법을 가르쳐 주기도 한다.

어린 코끼리들이 가장 먼저 배워야 할 것은 진흙이 많은 물웅덩이가 얼마

말리의 사막 코끼리가 건조한 사헬 지역을 따라 움직이고 있다. 이들은 사막지대에서 물을 찾아 매년 480킬로미터를 이동한다.

말리에 있는 건조한 사막지대는 가축을 너무 많이 방목하는 바람에 더 이상 풀이 자랄 수 없는 지경에 이르렀다.

말리의 사막 코끼리는 물과 풀을 찾아 끊임없이 이동을 해야 한다.

나 고마우면서도 위험한 것인가 하는 점이다. 코끼리들은 진흙 웅덩이에 뒹구는 것을 좋아하는데, 그렇게 함으로써 뜨거운 태양으로 데워진 몸을 식힐수도 있고, 몸에 달라붙은 기생충을 떼내 버릴 수도 있기 때문이다. 그러나 자칫하면 진흙 웅덩이에 빠져 헤어나지 못할 수도 있다. 특히 어린 코끼리들이 위험하다. 어린 새끼가 진흙 웅덩이에 빠져 허우적대면 암컷들이 몰려와 조심조심 밖으로 끌어낸다.

암컷들은 무리 가운데 누군가가 위험에 처하면 재빨리 모여서 도움을 주는 데 익숙하다. 그들은 의사소통이 아주 잘되는 집단이어서 수시로 서로를 불러 댄다. 그들이 내는 소리는 인간의 청각으로는 들을 수 없는 초저주파이지만, 코끼리들끼리는 몇 킬로미터 밖에서도 들을 수 있다. 그들은 심지어 지진파를 감지할 정도로 탁월한 청각을 갖고 있다.

암컷은 발정기가 되면 큰 소리를 내서 수컷들에게 신호를 보낸다. 발정기의 암컷은 역시 발정기에 있는 수컷을 좋아한다. 발정기에 있는 수컷은 성적

으로 크게 흥분해 있는 상태여서 짝짓기에 성공할 확률도 대단히 높다. 암컷의 임신 기간은 약 22개월이다. 임신 기간을 포함하면 암컷에게는 약 4년마다 발정기가 온다. 이처럼 번식 기간이 길기 때문에 새로 태어난 새끼 코끼리를 잘 키워야 개체 수를 유지하거나 늘릴 수 있다.

건기가 시작되면 물과 먹을거리를 찾아 먼 길을 떠나야 하는데 어린 코끼리들에게는 힘겨운 시련이 시작된다. 이때가 되면 홀로 떠돌던 수컷들도 암컷들 무리에 합류해 서쪽으로 이동한다. 그들의 목적지는 바로 사하라 사막에서 유일하게 물이 마르지 않는 반제나^{Banzena} 호수이다.

반제나 호수는 사헬 지역에 사는 모든 생명들의 오아시스다. 코끼리뿐 아니라 투아레그^{Tuareg} 족과 풀라니^{Fulani} 족도 자신들이 키우는 가축들을 반제나 호수로 데려와 물과 풀을 먹인다. 그러나 최근에는 지나치게 많은 가축들이 방목되는 바람에 호수 근처의 땅이 많이 황폐해졌고, 사막에서 날아온 모래와 먼지 등으로 호수의 물도 크게 줄어들었다. 초목과 숲이 사라지면서 코끼리들은 먹이를 구하는 데 어려움을 겪을 뿐 아니라 뜨거운 태양으로부터 몸을 피할 장소를 찾기도 쉽지가 않아 이중으로 고통을 겪는다.

수천 년 동안 투아레그 족과 풀라니 족은 코끼리들과 좋은 관계를 맺으며 평화롭게 살아왔다. 유목민이었던 이 종족들은 코끼리와 마찬가지로 비를 찾아서 매년 이동을 했다. 이들은 코끼리들이 물을 찾아서 이동한다는 것을 알고 그 뒤를 따랐다. 그런데 1970년대부터 이 유목 종족은 하나둘씩 정착을

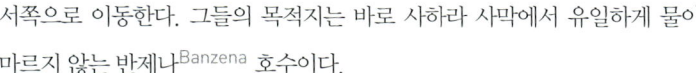

우두머리 암컷 코끼리가 다른 암컷과 새끼들을 이끌고 먹이를 찾아 길을 떠나고 있다(240쪽). 쉬는 동안 몸을 적시고 물을 먹는 코끼리들(왼쪽). 새끼가 진흙 구덩이에 빠지자 어미 코끼리들이 도움을 주기 위해 다가가고 있다(오른쪽).

241

하기 시작했고, 그로 말미암아 사헬 지역의 균형이 깨지게 되었다.

옛날부터 사헬 지역에는 5, 6월이 되면 구름이 몰려들면서 비가 내리는 계절이 시작되었다. 그런데 기후변화와 삼림 황폐화의 영향으로 얼마 전부터 이런 패턴이 흔들리게 되었다. 마치 토네이도처럼 사막에서 모래바람이 몰려왔고 가뭄도 훨씬 잦아졌다. 또한 비도 들쭉날쭉 내렸다. 예를 들어 2002년도 강우량은 50년 만에 최저치를 기록했으나 그 다음 해에는 40년 만에 가장 많은 비가 내렸다. 그러다 다시 2009년에는 25년 만에 최악의 가뭄이 찾아와 땅이 쩍쩍 벌어졌다. 반제나 호수도 말라 버렸고, 몇 개 남은 물웅덩이에는 죽은 가축과 기력을 잃은 물고기들로 가득 찼다. 말리 정부에서 펌프를 두 개 설치해 지하수를 끌어올리고 있으나 그 정도 물로는 가축과 코끼리들이 먹기에 턱없이 부족했다. 물론 물은 가축들에게 먼저 돌아갔다. 결국 이 가뭄으로 사막 코끼리 대여섯 마리가 죽었으나 다행히 나머지는 필사적으로 살아남았다.

코끼리들은 매년 조금이라도 비가 내려 땅을 적시면 먼 길을 떠날 채비를 한다. 우기가 시작되는 남쪽을 향해 이동하는 것이다. 그들은 옛날부터 쭉 이동 경로로 삼아 왔던 길을 따라 걷는다. 그러나 그들이 남쪽으로 가는 도중에 지나다녔던 목초지에 지금은 200명가량의 정착민이 자리 잡고 있다. 목초지에서 물도 마시고 풀도 뜯어 먹어야 힘을 보충할 수 있는 코끼리들로서는 난

■

새끼 코끼리가 어미에게 꼭 붙어 걸어가고 있다. 어미 발에 밟힐지도 모른다는 걱정은 전혀 하지 않는 것처럼 보인다(위). 이동을 하면서 무리 중에 두 마리가 서로에 대해 관심을 보이고 있다(오른쪽).

244

감한 상황이다. 사람이 살지 않는 아주 좁은 땅만이 코끼리들에게 할당돼 있다. 말리 남쪽의 보니Boni에 펼쳐진 싱싱한 초원에 이르기 위해서는 이 관문을 무사히 빠져나가야 한다.

과연 말리 코끼리들이 끝까지 살아남을 수 있을까? 전망은 암울하다. '코끼리를 구하자Save the Elephants'라는 비영리재단을 설립한 동물학자 이안 더글러스 해밀턴Iain Douglas-Hamilton은 이런 식으로 가면 사막 코끼리가 10여 년 안에 사라질 것이라고 경고한다. 기후변화와 가축들에 의한 서식지 축소, 인간의 무분별한 개발 등으로 더 이상 견디기 어려우리라는 것이다. 그는 최근 가뭄이 발생했을 때 비상급수 체제를 갖춰 코끼리들에게 물을 공급하기도 했다. 해밀턴을 비롯한 동물 보호 운동가들은 당장은 말리 사람들의 도움이 절실히 필요하다고 강조한다. 투아레그 족이나 풀라니 족 등 그곳 원주민들은 옛날에는 코끼리를 숭배해서 그들을 위한 노래를 지

어 부르기도 했고, 땅과 물과 풀을 함께 나누었다. 비록 정착하는 사람들이 늘면서 공유할 수 있는 자원들이 줄고 있지만 이럴 때일수록 협력 정신을 발휘해야 사막 코끼리들의 운명을 바꿀 수 있다는 것이다.

■

오랜 여행 끝에 습지의 오아시스에 도착한 코끼리들(위). 5월에서 6월에 걸쳐 우기가 시작되면 말라 버린 땅에도 물이 흐르고, 코끼리들도 싱그러운 풀을 만날 수 있게 된다(왼쪽).

248

어미 코끼리들은 어린 새끼의 안전을 위해 그들에게서 눈을 떼지 않는다. 진흙 웅덩이에 빠져나오지 못하는 새끼를 어미가 돕고 있다.

해파리 호수Jellyfish Lake에 사는 황금해파리golden jellyfish는 이름처럼 빛나는 아름다움을 가지고 있다. 이들이 호수를 떠다니는 모습은 원시의 순수함을 상기시킨다. 황금해파리는 자기 몸에 붙어 있는 조류藻類와 공생하면서 살아간다. 조류는 햇빛을 받아 광합성을 하고, 해파리는 그 조류를 먹음으로써 상부상조하는 것이다. 이를 위해 이들은 하루 한 번 햇빛을 받기 위해 호수 밑바닥에서 수면으로 이동한다.

태양을 따라서

이들이 거처하는 해파리 호수는 약 1만 2000년에서 1만 5000년 사이에 만들어졌다. 인간의 시간으로 볼 때는 오랜 옛날이지만 지질학적 시간으로 따지면 '최근'이라고 할 수 있다. 당시 빙하가 녹으면서 해수면이 상승했는데, 남태평양에 있는 팔라우의 몇몇 섬에서 석회암이 움푹 파인 곳에 바닷물이 차면서 호수가 만들어진 것이다. 이렇게 형성된 호수들은 석회암 구멍을 통해 들고나는 바닷물 외에는 외부와 어떤 접촉도 하지 않은 채 독립적인 생태계를 구성하게 되었다.

이에 대해 산호초연구재단은 "이 호수들에서는 먹이사슬과 관련해 독특한 자연의 실험이 진행되고 있다."고 말한다. 예를 들어 에일 몰크Eil Malk 섬에 있는 호수에는 지구 어디에서도 볼 수 없는 기묘하고도 놀라운 생명체가 출현했다. 그것은 황금해파리이다.

다른 강장동물들처럼 황금해파리는 뇌 대신에 기본적인 신경계만 가지고 있다. 그러나 황금해파리는 열대기후에 속한 고립된 호수에 적응하면서 진화한 결과 독특한 특징을 갖게 되었다. 그중에서도 가장 중요한 것은 황록공생조류zooxanthellae를 활용하는 법을 배웠다는 점이다. 이것은 단세포생물로 조류의 일종인데, 숙주 안에 기생하는 대신 숙주에 먹이를 공급한다. 보통은 산호나 해면동물, 대왕조개 등과 공생 관계를 맺지만 이 호수에서는 황금해파리를 파트너로 삼았다. 황록공생조류는 광합성을 하는데, 황금해파리는 먹이의 4분의 3을 이 조류에서 취하고, 나머지 4분의 1은 호수에 떠 있는 동물성 플랑크톤에서 얻는다. 그 대가로 황금해파리는 매일 한 번씩 황록공생조류를 햇빛이 비치는 수면 위로 데리고 왔다가 다시 아래로 데리고 간다.

매년 조금씩 바뀌긴 하지만 이 호수의 황금해파리 수는 천만 마리에 이른다. 이들은 새벽 동이 트기 전에 수면을 향해 올라가기 시작한다. 이동할 때는 배에 물을 잔뜩 담았다가 내뿜음으로써 제트식 추진력으로 나아가게 된

팔라우 섬의 황금해파리는 황록공생조류라는 단세포 생물과 공생하면서 살아간다. 황록공생조류 때문에 황금해파리가 이름처럼 금색으로 빛나고 있다.

황금해파리는 매일 한 번씩 햇빛이 비치는 수면으로 이동해 황록공생조류가 광합성을 하도록 한다. 황록공생조류는 빛을 에너지로 바꾸어 황금해파리에게 공급한다.

해가 지면 황금해파리는 다시 호수 아래로 돌아온다. 황금해파리는 호수 깊은 곳에서 필요한 광물질을 흡수하기도 한다.

다. 수면에 도착하면 호수의 서쪽 끝에 모인다. 이어 오전 6시쯤 해가 떠오르면 호수 동쪽을 향해 열심히 헤엄쳐 간다. 호수 길이는 약 450미터에 이른다. 그들이 이동하는 모습을 보면 마치 황금색 꽃들이 호수에 피어 있는 것 같다.

동쪽 끝에 도착하면 황록공생조류가 아침 햇살을 받을 수 있도록 몸을 계속 돌리면서 움직인다. 이들은 호숫가로는 가지 않는데 나무 그늘에 햇빛이 가릴 수도 있고, 호수 언저리에 있는 포식자들에게 먹힐 수도 있기 때문이다.

말미잘은 이 호수에서 황금해파리의 가장 무서운 적이다. 몸이 하얀 말미잘은 촉수를 흔들어 황금해파리를 잡아먹는다. 말미잘의 촉수에서 살아남은 해파리들은 해가 서쪽으로 질 때까지 기다렸다가 아침에 수면으로 떠올랐던 지점으로 다시 모인다. 그런 다음 호수 아래로 수직 이동을 한다.

팔라우 섬의 호수는 깊이에 따라 분명하게 층이 나뉘어 있다. 가장 위의 층은 산소로 이루어져 있는데, 황금해파리들이 주로 사는 곳이다. 그러나 밤에 이동할 때는 이 산소층으로부터 14미터 아래에 있는 두 번째 층까지 내려가는데, 이곳은 무기화합물질이 가득 차 있다. 황록공생조류는 이 층에서 필요한 영양분을 취하기도 한다. 이보다 더 아래 호수 바닥 근처에는 산소가 없는 층이 있는데, 여기에는 산소 없이 광합성을 하는 자색황세균purple sulfur bacteria이 마치 담요를 펼쳐 놓은 것처럼 빽빽하게 살아가고 있다.

태평양 북서쪽에 있는 팔라우 섬은 숲이 우거져 있고 호수가 많다(왼쪽). 이 중에서도 황금해파리 호수는 수백만 마리의 황금해파리들이 살고 있는 아주 특이하고도 귀중한 호수이다(위).

255

세 번째 층에서는 또한 유독가스인 황화수소와 암모니아, 인산염 등이 분출되기 때문에 호수에서 잠수를 즐기는 사람들은 여기까지 내려가지 않도록 주의해야 한다. 황금해파리들도 본능적으로 이것을 알고 있기 때문에 여기까지는 내려가지 않는다.

1997년과 1998년에 이 호수에서 황록공생조류들이 대량으로 사라진 적이 있었다. 과학자들이 원인을 조사한 결과, 엘니뇨 탓에 수온이 급격히 올라 황록공생조류들이 버텨 낼 수 없었던 것으로 밝혀졌다. 황록공생조류가 사라지자 덩달아 황금해파리들도 사라졌다. 그러나 1년 반 뒤에 황금해파리들이 다시 돌아오기 시작했다.

어린 황금해파리라고 할 수 있는 해파리 폴립들이 수온의 변화에도 불구하고 살아남아 호수의 기온이 내려가자 다시 번식을 시작했던 것이다. 2005년에는 황금해파리 수가 최고치를 기록했는데 3000만 마리가 넘었다. 이때는 해파리들이 햇빛을 찾아 호수로 떠올랐을 때 호수 전체가 금빛을 띠었다.

황록공생조류가 없으면 황금해파리가 살 수 없듯이, 황금해파리가 없다면 호수도 죽어 버릴까? 이에 대해 생물학자인 마이클 도슨^{Michael Dawson}은 그 질문은 다음과 같이 바꾸어야 한다고 말한다. 호수가 황금해파리들을 살아 있게 하는가, 아니면 황금해파리들이 호수를 살아 있게 하는가?

■

황금해파리의 가장 무서운 적은 말미잘이다. 이들은 촉수를 흔들어 호수를 떠다니는 황금해파리를 잡아먹는다(위, 오른쪽).

환경 운동가인 알도 레오폴드Alod Leopold는 "제비 한 마리가 왔다고 여름이 온 것은 아니지만, 해빙기인 3월 안개를 헤치고 기러기가 나타나면 봄이 온 것이 확실하다."라고 말한 적이 있다. 미국 중서부의 미시시피 강 상류 지역은 철새들의 고속도로라고 할 수 있을 정도로, 이 시기가 되면 남쪽으로 혹은 북쪽으로 이동하는 거대한 새 떼들이 크고 작은 소리로 울어 대거나 날갯짓하는 소리로 천지가 요동친다.

철새들의 고속도로

아메리카 대륙에 사는 물새와 바닷새 가운데 약 40퍼센트가 미시시피 강 상류 지역을 거쳐서 이동한다. 이곳에는 비행을 방해하는 높은 산도 없고, 폭 넓은 강이 고속도로처럼 시원하게 흐르면서 길을 안내하기 때문이다. 아메리카 대륙 최남단과 북극에서 온 새 떼들이 이 강 위를 날면서 때로는 강을 벗어나 숲이 우거진 섬에서 쉬기도 하고, 깎아지른 절벽 위에서 내려다보며 먹잇감을 찾기도 하고, 어린 새끼들을 위해 둥지를 꾸미기도 한다.

미시시피 강은 20세기 초만 해도 중간 중간 폭포를 만들거나 급류를 형성하면서 멕시코 만을 향해 힘차게 흘러내렸다. 그러나 1930년대에 배가 운행하기 쉽도록 미육군 공병대가 댐을 건설하면서 상황이 바뀌기 시작했다. 그런데 댐이 만들어지면서 가장 득을 본 것은 흰머리수리였다. 댐 근처에서 물이 심하게 회오리치는 바람에 기절하거나 기력을 잃어버린 물고기들이 많이 생기자 이들을 노리고 흰머리수리들이 몰려든 것이다. 더구나 먹잇감이 귀

한 겨울철에는 더 없는 횡재였다. 댐 때문에 겨울에도 강에 얼음이 얼지 않아 더욱 좋았다. 2월 무렵이면 북쪽으로 이동하던 다른 독수리들도 댐 부근에 멈춰서 예기치 않은 먹잇감들을 보고 황홀해한다.

흰머리수리는 미국의 상징이어서 한때는 미국 전역에 꽤 많이 분포해 있었다. 그러나 20세기 들어 사냥과 살충제 DDT로 인해 수가 크게 줄었다. 게다가 가축에 피해를 입히는 경우가 많아 어떤 주에서는 흰머리수리에 현상금을 걸고 사냥을 독려하기도 했다. 1930년대 말 동물 보호가들이 이러다가는 흰머리수리가 멸종될지 모른다며 사냥 반대 운동에 나섰다. 그 결과 1940년 '흰머리수리 보호법'이 제정돼 의회를 통과했다. 또한 1972년에는 DDT 사용이 전면 금지되었다. DDT가 독수리의 번식력을 떨어뜨릴 뿐 아니라 독수리 알에도 작용해서 부화하지 못하는 알이 많다는 사실이 밝혀졌기 때문이었다. 현재 흰머리수리는 약 30만 마리까지 늘어난 것으로 추정되고 있다.

일 년에 두 차례, 겨울과 번식기가 되면 엄청난 수의 철새들이 미시시피 강을 거쳐 이동하기 때문에 이 시기에는 매일 눈부신 파노라마가 연출된다.

캐나다기러기들이 네브래스카 근처의 농장에서 먹이를 취한 후에 황혼이 질 무렵 둥지로 돌아가고 있다.

캐나다기러기들은 평소에는 호수나 강 근처에 둥지를 틀고 서식하지만, 봄철 번식기가 되면 길고 긴 이동에 나선다.

독수리가 큰 날개를 활짝 펼치고서 별 힘들이지 않고 원을 그리면서 하늘로 솟아오르는 모습을 보면 누구나 굉장히 깊은 인상을 받게 된다. 영국 시인 존 키츠John Keats는 공중에 떠 있는 독수리를 이렇게 묘사했다. "독수리는 하늘에서 날개를 펼친 채 잠자는 것 같다."

흰머리수리는 봄에 미시시피 강이나 미주리 강 지류를 떠나 번식장이 있는 캐나다를 향해 북으로 이동한다. 이들은 보통 아침나절에 이동을 시작하는데, 그 시간대에 상승기류가 생겨 힘들이지 않고 비행할 수 있기 때문이다. 상승기류를 타지 못하면 힘들여서 날개를 퍼덕여야 하므로 에너지 소모가 많다.

수컷들은 다른 수컷들에 앞서 보금자리를 꾸리고 짝짓기를 하기 위해 경쟁적으로 빨리 날아간다. 강이 언 탓에 물고기들이 얼음 밑에 갇혀 있어서 아무것도 먹지 못한 채 며칠씩 계속 날아가야 할 때도 있다. 그러나 추위가 풀리면서 강을 덮고 있던 얼음이 녹으면 죽었거나 맥을 못 추는 청어나 다른 물고기들이 물 위로 떠올라 독수리들에게 성찬을 베풀게 된다. 입맛에 맞는 물고기를 찾지 못하면 흰머리수리는 강을 따라 이동 중인 오리나 기러기 같은 물새 쪽으로 눈을 돌린다. 봄이 되면서 미시시피 강으로 이동하는 물새 가운데 가장 먼저 도착하는 것은 청둥오리 떼이다. 청둥오리는 날씨나 환경이 어떻든 간에 적응을 아주 잘하기 때문에 아메리카 대륙에서 가장 개체 수가 많다. 대부분의 청둥오리는 늦겨울이 되면 이동을 시작하지만, 개중에는 농장이나 시골 뒷마당 같은 곳에

흰머리수리는 봄에 번식을 위해 미시시피 강을 따라 미국 북쪽과 캐나다 방향으로 이동을 한다. 이동하는 중에 먹잇감을 포식하기도 하는데, 이때 큰까마귀가 끼어들기도 한다(왼쪽, 위).

265

둥지를 꾸리고 이동하지 않는 경우도 있다. 이동하는 청둥오리들 중에는 멀리 알래스카까지 가는 경우도 있지만, 대개는 먹이와 물이 풍부한 곳을 찾으면 보금자리를 꾸린다.

암컷과 수컷 청둥오리는 이동하기 전인 가을에 이미 구애를 통해 자기 짝을 찾아 놓는다. 짝을 고를 때 암컷은 수컷이 우아하게 수영하는 모습에 끌린다. 미처 짝을 못 찾은 암컷은 이동 기간 중에 고르게 되는데, 이때는 마음에 드는 수컷의 몸에 부리로 비벼 구애를 한다.

어떤 암컷은 수컷들과 애정 게임을 벌이기도 한다. 이들은 자기 짝이 있는데도 다른 수컷에게 교태를 부려 유혹을 한다. 교태에 넘어간 수컷이 자기를 쫓아오면 암컷은 자기 짝이 있는 곳으로 수컷을 유도한다. 이를 본 짝은 질투심에 불타서 수컷을 공격하고, 쫓아온 수컷도 지지 않으려고 서로 부리를 부딪치며 격렬한 싸움을 벌인다. 암컷은 자신을 차지하려고 몸을 사리지 않고 대결하는 수컷들의 싸움을 느긋하게 지켜보는 것이다.

봄이 길어지면서 미시시피 강 상류가 따뜻해지면 이번에는 송골매pere-grine falcon들이 보금자리를 꾸리러 모여든다. 자연계에서 가장 뛰어난 사냥꾼인 송골매는 사냥감을 내려다보기에 유리한 강 언저리 높은 절벽에 자리잡는다. 송골매 이름에 들어간 'peregrine'은 '방랑자'라는 뜻인데, 그 이름대로 이들은 세계 각지에 퍼져 산다. 이들은 매년 북극 툰드라지대에서 남아메리카에 이르기까지 약 2만 5000킬로미터를 이동하는데, 이것이 이동하는 철새들 가운데 가장 긴 거리이다.

송골매도 흰머리수리처럼 20세기 중반 DDT로 인해 개체 수가 엄청나게 줄어들었다가 지금은 이전 수준을 회복했다. 이들은 DDT를 직접 흡입하지는 않았지만 그들이 먹는 먹잇감을 통해 독성 물질이 체내에 퍼져 번식에 치명적인 타격을 받았다. 1972년 DDT가 전면 금지된 뒤에도 몇 년간 이들은 번식을 거의 하지 못했다. 그러자 과학자들과 매를 사랑하는 사람들이 사육을 하기 시작했다. 이들은 매를 잡아 오염되지 않은 먹이를 주면서 번식 능력을 회복하도록 도와주었다. 인공 번식을 통해 태어난 송골매는 다시 놓아주었는데, 이들 중에는 스스로 사냥하는 방법을 익히지 못해 한동안 인간이 주

화려한 색을 가진 아메리카 원앙(wood duck)(왼쪽)과 청둥오리(가운데와 오른쪽)도 미시시피 강을 따라 이동하는 철새들에 속한다. 거대한 청둥오리 무리들이 봄에 번식기를 맞아 북쪽으로 날아가고 있다(267쪽).

는 먹이를 먹어야 하는 경우도 있었다. 또한 자연으로 돌아가지 않고 도시 교외에 머물거나 도심의 고층빌딩이나 높은 다리에 둥지를 튼 경우도 있었다.

이런 과정을 통해 이제 송골매는 아메리카 대륙 전체에서 볼 수 있게 되었다. 그중에는 철 따라 이동하는 무리도 있지만, 어떤 무리들은 한곳에서 사시사철 머물기도 한다. 이동하는 송골매는 뛰어난 귀소본능을 가져서 조상들이 살던 둥지로 정확히 돌아온다. 조류학자들에 따르면 어떤 둥지들은 수백 년간에 걸쳐서 송골매들이 세대를 이어 가며 이용해 오고 있다고 한다.

미시시피 강 상류로 이동한 송골매들은 절벽의 돌출 부분이나 움푹 파인 곳에 보금자리를 만든다. 암컷보다 몸이 작은 수컷은 먼저 도착해 암컷이 오기를 기다린다. 미처 짝을 고르지 못한 수컷은 절벽 앞에서 멋진 다이빙 실력을 뽐내면서 암컷의 사랑을 얻으려고 애쓴다. 짝을 구하면 이들은 강이 내려다보이는 보금자리에서 오고가는 무수한 철새들을 바라보며 먹잇감을 고른다.

송골매는 공중에서 일직선으로 내리꽂히며 먹잇감을 쫓는다. 날아가고 있는 새들을 추적할 때 이들의 비행 속도는 시속 300킬로미터가 넘는다. 이들의 단단한 발톱을 벗어나기는 여간 어려운 일이 아니다. 새들이 송골매로부터 살아남으려면 송골매와 비슷한 높이에서 날아가야 한다. 송골매들에게는 자신과 나란히 날고 있는 새들을 뒤쫓는 게 더 힘들기 때문이다. 또한 송골매는 물 위에 떠 있는 새들은 좀체 공격하지 않는다. 그래서 미시시피 강에 떠 있는 오리들은 공중으로 날아오르지 않는 한 송골매로부터 안전하다. 만약 오리가 공중을 날다가 송골매의 공격을 받았을 때 살아남으려면 물 위로 내려앉는 것이 상책이다.

송골매는 잡은 먹이를 새끼들에게 나누어 준다. 한 둥지에 보통 세 마리에서 다섯 마리에 이르는 새끼 송골매들은 부모들이 사냥을 할 때 긴 울음소리를 내면서 응원을 한다. 새끼는 태어난 지 두세 달이 지나면 혼자 사냥을 할 수 있지만 당분간은 부모의 보호를 받아야 한다. 흰머리수리가 송골매의 어린 새끼나 알을 보복 공격하는 경우도 있다. 자기 영역을 침범당한 송골매는 끝까지 뒤쫓아서 대가를 치르게 한다.

초여름이 되면 미시시피 강 상류의 댐 지역에 하루살이들이 몰려들기 시작한다. 강을 까맣게 뒤덮은 하루살이들은 사람들에게는 짜증스럽지만 작은 새들에게는 진수성찬이 베풀어진 거나 진배없다. 하루살이 애벌레들은 약 2년간 물속에서 수생곤충이나 조류, 플랑크톤을 먹으며 지낸다. 물론 그들은 물고기의 좋은 먹이이기도 하다. 그러다 때가 되면 수면이나 근처 바위, 물가 나무 등으로 올라와서 몇 분 사이에 날개를 달고 곧 이어 성충이 된다. 하루살

송골매는 유능한 사냥꾼일 뿐 아니라 늠름하고 위엄 있는 자태를 갖고 있다. 머리는 검은 투구를 쓴 것 같다(270쪽). 하얀 솜털을 가진 송골매 새끼는 아주 앙증맞다(위). 새끼만 보고 있으면 이들이 나중에 자라 가차 없는 포식자가 되리라는 생각을 떠올릴 수가 없다.

이 떼들이 강에 얼마나 빽빽하게 퍼지는지 기상청 레이더에 잡힐 정도이다.

강 위에서 하루살이가 해야 할 일은 딱 한 가지, 짝짓기를 하는 것이다. 그들에게 주어진 시간은 하루 혹은 길어야 이틀이다. 하루살이의 학명인 '에페메롭테라Ephemeroptera'는 '수명이 짧은 날개 달린 곤충'이라는 뜻이다. 암컷들은 강물에 알을 낳는 즉시 죽는다. 최근 미시시피 강 상류에 하루살이 떼들이 번성하는데, 이것은 강의 생태계가 건강하다는 신호다.

오리와 기러기 같은 물새들이 많이 늘어난 것도 강에는 청신호다. 이들은 한때 수가 급격히 줄었으나 이제는 이동 철이 되면 하늘을 가득 채울 만큼 늘어, 중간 기착지인 미시시피 강 협곡이 시끌벅적할 정도이다. 봄이 저물어 갈 무렵 특유의 V자를 그리며 날아가는 캐나다기러기Canada goose 떼들은 이곳에 여름이 왔음을 알리는 전령이다. 기러기 떼에는 가족 기러기, 짝을 찾은 기러기, 독신 기러기 등이 골고루 섞여 있다. 기러기는 일부일처제에 충실해서 한번 짝을 지으면 평생을 함께 한다. 미시시피 강 상류에는 갈색 캐나다기러기와 함께 은백색의 흰기러기, 알래스카 툰드라지대에 번식장을 가진 고니도 나란히 날고 있다.

기러기들은 봄 철새들과 마찬가지로 번식장이 있는 캐나다와 알래스카를 향해 부지런히 날아간다. 그러나 일부는 이곳 미시시피 강 상류 협곡에 털로 안을 댄 둥지를 틀고서 5~7개의 알을 낳기도 한다.

부화한 새끼 기러기는 태어나자마자 바로 헤엄을 칠 수 있다. 이들은 앞뒤로 부모의 호위를 받으며 물가로 간다. 새끼가 태어났으니 기러기들은 다시 북으로 이동을 해야 하는데,

이를 위해 새끼들은 수중식물이나 강변의 곤충 등을 먹으면서 부지런히 체력을 보강한다. 때때로 이들은 곡식에 붙은 곤충을 먹기도 하는데, 살충제 역할을 해주기 때문에 농민들에게 더 없이 고마운 일이다. 어쨌든 이들은 늦여름이 되기 전까지는 아주 짧은 거리라도 북으로 이동을 해야 털갈이를 할 수 있다. 그랬다가 다시 겨울을 나기 위해 남으로 내려올 것이다.

아메리카분홍사다새American white pelican도 내륙의 호수와 초원 지대로 이동하는 길에 미시시피 강을 거쳐 간다. 이들은 수백 마리에서 수천 마리씩 떼를 지어 내륙으로 날아가서 번식을 한다. 그러다 가을이 다가오면 이 육중한 새는 미시시피 강 하류와 멕시코 만을 향해 되돌아간다.

강과 호수가 얼기 시작하는 가을에는 얼음과 추위를 피해 철새들이 남쪽으로 이동한다. 그러나 이번 이동은 번식을 위한 것이 아니기 때문에 좀 더 한가로워 보인다. 강과 하늘을 가득 메운 이 거대한 철새들의 이동 장면은 대단한 볼거리다. 이 중에서 몸무게가 무거운 사다새와 기러기, 거무스름한 아메리

■
하루살이는 2년간 애벌레로 물속에서 지내다가 성체가 되어(오른쪽) 물 밖으로 나와서 짝짓기를 하고 죽기까지가 하루 혹은 이틀 만에 끝난다. 이들은 개구리(왼쪽)에게는 물론 미시시피 강 상류를 따라 이동하는 작은 철새들에게도 좋은 먹잇감이다(273쪽).

카물닭American coot은 흰머리수리와 송골매의 좋은 먹잇감이다. 이들과 함께 캐나다두루미sandhill crane들도 한낮의 상승기류를 타고 위엄 있게 수평선 위를 가을 구름처럼 떼를 지어 남쪽으로 날아간다. 캐나다두루미는 900만 년 이상 된 화석이 발견될 정도로 지구상에서 가장 오래된 새들 중 하나이다.

　미시시피 강 상류에서 이처럼 아름다운 철새의 이동 모습을 볼 수 있게 된 것은 그동안 이들을 보호하려는 노력을 지속적으로 펼친 덕분이다. 19세기나 20세기 초만 해도 이곳을 지나는 철새들은 사냥이나 독성 물질들로 심각한 어려움에 처하는 경우가 많았다. 캐나다기러기의 경우 1900년대에는 거의 멸종 위기에 놓였으나 지금은 도시는 물론 농촌에서도 성가셔 할 정도로 엄청나게 수가 늘어났다. 또 캐나다두루미는 1940년까지만 해도 제대로 된 번식 장소를 구하지 못해 애를 먹었으나 '흰머리수리 보호법'이 발효된 그해에 두루미 보호 정책도 나온 덕분에 개체수를 늘릴 수 있었다. 하지만 독수리와 송골매, 그 밖의 다른 철새들은 여전히 가파르게 수가 줄고 있었다.

　그러다 1962년 레이첼 카슨이 《침묵의 봄silent spring》이라는 책을 펴내면서 사정이 바뀌기 시작했다. 이 위대한 고전은 대중들에게 환경문제에 대한 경각심을 울렸고, 환경보호 운동에 불을 지피는 계기가 됐다. 이에 정부도 야생동물 보호에 적극적으로 나서게 되었다. 레이첼 카슨은 이 책에서, 1940년대에 화학물질의 사용량이 비약적으로 늘어나면서 강은 물론 지하수의 오염

■

분홍사다새(위, 오른쪽)는 미시시피 강을 따라 이동하는 철새들 중 가장 몸집이 크다. 평균 몸무게가 7킬로그램이나 나간다. 날개를 펼치면 3미터가량 되기 때문이 굉장히 높은 하늘에서도 무리 없이 날 수 있다.

274

이 심각하다고 경고했다. 책을 맺으면서 그녀는 이렇게 물었다. "자, 이제 우리는 두 가지 갈림길에 서 있다. 당신은 어느 쪽을 선택할 것인가?"

아직도 많은 야생동물들은 우리에게 갈림길 중에서 하나를 선택하기를 요구한다. 자신들이 번식을 하고 먹이를 먹고 겨울을 날 수 있는 곳으로 이동하는 길을 안전하게 확보해 줄 것인지 아닌지. 인간의 무분별한 개발로 그 이동 경로가 계속 방해받고 훼손된다면 조만간 자연의 아름다움과 다양성은 무너지게 될 것이다. 과거 여러 지역에서 그랬던 것처럼.

미시시피 강 상류 지역에 인구가 늘어나면서 오리나 기러기, 두루미, 사다새 등 철새들의 서식지도 점점 위협받고 있다. 농업과 도시의 발달은 초원과 습지가 줄어들고 강과 지류를 따라 더 많은 오염 물질이 흐르게 된다는 것을 의미한다. 또한 하늘을 가로지르는 전선들은 높이 날아 이동하는 철새들에게는 '죽음의 덫'이 되기도 한다. 한때 보호받았던 철새들은 지금 다시 밀렵꾼들의 타깃이 되고 있다.

알도 레오폴드는 1949년에 쓴 《모래땅의 사계^{A Sand County Almanac}》에서

"인간과 자연이 하나가 되고, 서로 안전하며, 아름다움을 간직하도록 하는 것은 선이고, 그렇지 않은 것은 모두 악이다."라고 했다. 점점 늘어나는 인간들이 어떻게 자연의 아름다움을 해치지 않으면서 자연과 조화롭게 살아가야 하느냐는 문제는 21세기가 해결해야 할 가장 긴박한 과제이다. 동물은 인간이 만든 고속도로 표지판을 읽을 수가 없다. 그들은 단지 물과 먹이와 안전하게 번식할 장소를 원할 뿐이다. 그런데도 그들이 이동하는 길은 점점 인간에 의해 훼손되고, 가로막히고, 사라지고 있다.

과연 누 무리는 앞으로도 물을 찾아 세렝게티의 초원을 마음껏 달릴 수 있을까? 분홍사다새는 과연 기름으로 뒤덮인 멕시코 만에서 겨울 날 장소를 찾아낼 수 있을까? 앞으로도 계속 대양을 활보하는 백상아리를 볼 수 있을까? 동물의 이동은 야생세계를 움직이는 시계이고, 다음 세대를 위한 심장의 박동과 같은 것이다. 물론 그 다음 세대에는 인간도 포함된다. 그런 동물의 이동이 과연 앞으로도 계속 이어질까?

번식을 하기 위해 북쪽으로 이동하는 캐나다기러기들이 중간에 잠시 멈춰 휴식을 취하고 먹이를 먹은 다음 날개를 힘껏 퍼덕이면서 다시 하늘로 오르고 있다(276쪽). 미시시피 강 언저리에서 부화한 새끼 기러기가 생애 첫 이동을 할 채비를 하고 있다(위).

쇠기러기, 흰기러기, 캐나다기러기 등 수십 종류의 물새들이 하늘을 가릴 정도로 떼를 지어 미시시피 강을 따라 이동하고 있다.

이 새들은 이동하는 도중에 네브래스카에 있는 헐타인 물새 보호지역(Hultine Waterfowl Production Area)에서 먹이를 지원받을 수 있다. 이곳은 물새들을 돕기 위한 많은 보호시설들 중 한 곳이다.

동물 이동의 미래

1914년 9월 1일은 인간이 다른 동물에게 저지른 비극적인 만행을 상징하는 날이었다. 이날, 미국 신시내티 동물원에 있던 지구 최후의 여행비둘기passenger pigeon가 세상을 떠났다. 여행비둘기는 200년 전만 해도 '상상을 초월할 만큼 많은' 새였지만, 마구잡이로 잡아들인 끝에 결국 마지막 남은 한 마리마저 사라져 더 이상 지구에서 흔적을 찾을 수 없게 돼 버렸다.

고래상어가 수면으로 올라오고 있는 모습. 햇볕을 쬐기 위해서이거나 혹은 먹이인 미생물들이 해저에서 상승하는 것을 따라서 올라왔을 수도 있다.

여행비둘기가 이동할 때는 말 그대로 수백만 마리가 무리를 이뤄 날아가는 바람에 하늘이 까맣게 될 정도였다고 한다. 그들은 단지 숫자가 많다는 이유로 사냥의 표적이 되었다. 19세기 중반에는 도시 사람들이 어린 비둘기를 식용으로 삼은 까닭에 한 해에 수십만 마리가 사라졌다. 또한 도시가 커지면서 이들이 살던 숲으로까지 사람들이 들어와 서식지가 크게 줄어들었다. 동물원이 아닌 야생에서 여행비둘기가 발견된 것은 1900년도가 마지막이었다.

오늘날 많은 생물학자들과 환경 운동가들, 시민 단체들은 난개발과 기후변화, 서식지 파괴 등으로부터 철새를 보호하기 위한 다양한 활동을 펼치고 있다.

동물의 이동을 추적하고 그 신비를 밝히는 것은 쉬운 일이 아니다. 과학자들은 수천 킬로미터의 먼 거리를 날아가고 또한 주로 밤에 이동하는 철새들의 행동을 어떻게 연구하는 것일까? 과거에는 그들이 번식하는 장소나 겨울을 나는 곳으로 가서 직접 관찰하는 수밖에 없었다. 지금으로 보면 아주 원시적인 방법을 썼던 것이다.

1595년에 프랑스 왕 앙리 4세의 송골매에 부착했던 금속으로 된 식별 밴드가 몰타Malta에서 발견된 적이 있다. 그런데 당시의 식별 밴드 부착 방식은 이후에도 크게 변하지 않아 지금도 정부 기관이나 과학자, 환경보호 단체에서 새의 움직임을 관찰할 때 이 방법을 답습하고 있다. 그러나 동물의 이동을 연구하기 위한 다른 기술들은 최근 엄청나게 발달했다.

특히 2차 세계대전 기간 동안 군사용으로 사용되었던 수중 음파탐지기나 레이더를 활용하면서 비약적인 발전을 이루었다. 적의 잠수함 위치를 파악하기 위해 사용되었던 수중 음파탐지기는 심해산란층을 이해하는 데 큰 도움이 되었다. 한편 20세기 중반에 레이더 운용자들은 하늘에 전파방해 물질이 있는 것을 포착했지만 실체를 알 수 없어 그것에 '천사angel'라는 이름을 붙였다. 하지만 나중에 그것은 천사가 아니라 하늘을 날고 있던 철새들이라는 것이 밝혀졌다. 오늘날에는 훨씬 성능이 개선된 레이더가 나와 무리 가운데 특정한 새의 높이와 비행 속도, 날갯짓하는 횟수까지 정확하게 알아낼 수 있다.

항공 탐사 기술의 발달도 야생동물 연구 수준을 높이는 데 기여했다. 아프리카 동물 보호 운동에 앞장섰던 독일의 베른하르트 그르지메크 교수와 아들 미카엘 그르지메크는 1950년대에 경비행기를 타고 다니며 초원의 동물들을 관찰한 적이 있었다. 이후 항공 탐사는 뜸했으나 2008년 미국 출신의 탐험가이자 생물학자인 마이클 패이와 폴 앨컨이 남수단의 대초원에서 100만 마리가 넘는 가젤과 누 무리가 이동하는 모습을 확인하면서 다시 활기를 띠었다. 지금은 고래와 바다코끼리 등 해양 생물의 행동을 연구하는 데도 활용되고 있다.

그르지메크 부자가 경비행기로 아프리카의 야생을 조사하던 무렵, 다른 연구자들 사이에서는 전파에 의한 원격측정 장치가 도입되고 있었다. 동물의 목 주변에 송수신 장치를 달아 거기서 보내오는 정보를 모으는 방식이었다. 당시에는 무선주파수의 대역이 넓지 않아 많은 데이터를 확보하지 못했으나 이후 기술이 개선되면서 초단파를 이용해 광범하고 구체적인 정보를 얻을 수 있게 되었다.

그러나 지금은 초단파 기술도 구닥다리가 돼 버렸다. 대신 아르고스Argos라고 불리는 위성 수집 시스템이 전파를 받아 인터넷을 통해 보내면 컴퓨터로 다운로드할 수 있게 되었다. 이전에는 전파를 수신하기 위해 사람이 현장에 있어야 했지만 그런 불편이 사라진 것이다. 하지만 기술 발달은 거기서 멈추지 않았다. 1990년 무렵 미국 국방부가 군사용으로 개발했던 위성항법 장치인 GPS(Global Positioning System)를 동물 추적용으로 활용하기 시작한 것이다. 과학자들은 지리 정보 시스템인 GIS(Geographic Information System)와 GPS를 결합하면 자기 연구실에 앉아서도 몇 천 킬로미터 떨어진 아프리카에서 어떤 동물이 어느 지역에서 어느 정도의 속력으로 달리고 있는지를 꿰뚫어볼 수 있다는 것을 알게 되었다.

그렇지만 여전히 동물의 몸에 무선 송수신 장치를 다는 일은 쉽지 않은 과제로 남아 있다. 특히 고래나 바다소manatee

같은 해양 동물을 다룰 때 애로가 많다. 노련하고 숙련된 잠수부가 필요하고, 설사 송수신 장치를 부착했다 하더라도 바닷물에 노출되거나 마모되는 통에 장치가 기능을 못하는 경우도 생긴다. 또는 헤엄을 치는 과정에서 떨어져 나가기도 하고 배터리를 갈아 줘야 하는 상황이 발생하기도 한다. 그래서 생각해 낸 아이디어가 센스가 내장된 소형 전자 태그(PATs, pop-up archival tags) 방식이다. 이것은 일정한 시간이 지나면 자동으로 어류의 몸에서 떨어져 나와 해수면으로 떠오르게 돼 있다.

최근에 해양 생물학자인 로리 윌슨Rory Wilson은 펭귄을 연구하다가 비행기 블랙박스와 유사한 기록 장치를 개발했다. 윌슨이 '일기장daily diary'이라고 부른 이 소형 장치는 펭귄의 호흡량, 움직이는 속도, 잠수 깊이, 운동 방향 등을 1초에 8회나 기록할 수 있다. 윌슨은 이를 이용해 펭귄이 먹이를 잡으러 물속에 잠수할 때 몸의 에너지를 최대한 덜 쓰기 위해 호흡량을 정교하게 조절한다는 사실을 밝혀냈다. 이 장치는 펭귄뿐 아니라 다른 동물의 행동 습관을 이해하는 데 아주 유용하다는 게 입증됐다.

윌슨은 일기장으로 바다표범의 수중 생활을 추적한 결과 이들이 물속에서 새처럼 움직인다는 걸 확인했다. 물 위로 올라갈 때는 새가 날개를 펄럭이듯이 지느러미를 움직이고, 물 아래로 내려갈 때는 새들이 공기 흐름에 몸을 맡기듯이 해수의 흐름에 의지한다는 것이다.

한편 몸무게가 0.3그램밖에 되지 않는 모나크나비처럼 몸집이 극히 작은 동물을 추적하는 것은 하나의 큰 도전이다. 최근까지만 해도 과학자들은 모나크나비에게 종이로 된 태그를 붙였다. 이것은 40년 전 곤충학자인 프레드 어쿠하트가 멕시코에서 겨울을 나는 모나크나비들을 추적할 때 사용한 것과 별 차이가 없었다. 그러다 생태학자인 마틴 위켈

펭귄 가운데 두 번째로 몸이 큰 임금펭귄(king penguin) −가장 큰 것은 황제펭귄(emperor penguin)이다− 은 일 년의 대부분을 남극해를 여행하면서 보내다가 번식기가 되면 근처 섬의 해안으로 모인다. 전 세계에 분포하고 있는 임금펭귄 수는 200만 마리 정도로 추정된다.

스키Martin Wikelski와 칩 테일러Chip Taylor가 전자 추적 기술을 적용해 보기로 했다. 그들이 고안한 전자 추적 장치는 아주 간단했다. 알루미늄 안테나에 소형 보청기 배터리를 덧붙인 것이었다. 잠자리와 벌에 시험해 보았더니 아주 만족스러웠다. 이들은 이에 용기를 얻어 초강력 접착제를 이용해 모나크나비에 부착했는데 결과는 대성공이었다. 위켈스키는 "이제 우리는 고래와 철새, 박쥐는 물론이고 곤충의 이동 경로도 손바닥을 보듯 훤히 알 수 있게 되었다."고 말했다.

동물이 어디에서 어디로 이동하는지 경로를 밝히는 것도 중요하지만, 그들이 어떻게 이동 경로를 정확히 따라가는지를 알아내는 것도 필요하다. 이동하는 동물들은 대부분 몸 안 어딘가에 항법 장치가 있는 것처럼 보인다. 진화생물학자인 제임스 굴드James Gould는 "그들에게는 이동 방향과 거리를 인식하는 감각이 신경계통에 입력돼 있다."고 주장한다. 또한 대부분은 그런 항법 감각신경이 하나가 아니라 서너 개에서 대여섯 개까지 갖고 있다는 것이다.

그들은 자신들만이 감지할 수 있는 어떤 표지를 기억하거나 시각적인 신호를 따라서 이동하는 것처럼 보인다. 이들은 인간은 볼 수 없는 적외선이나 자외선이나 편광 등을 이용하기도 하고, 태양을 나침반으로 삼기도 하는 것 같다. 흐린 날이나 해뜨기 전이나 해가 진 뒤에는 편광이 이들의 길잡이 노릇을 하는 게 아닌가 여겨진다.

별빛에 의존하는 경우도 있는데, 특히 철새가 그렇다. 철새의 머리엔 별자리표가 있는 게 확실하지 않나 싶다. 왜냐하면 이들은 계절에 따라 지구의 기울기가 달라지고 밤하늘의 별자리가 달라지는데도 아랑곳없이 그 변화된 만큼 이동 경로를 정확히 수정해서 날아가기 때문이다.

시각적인 신호만큼이나 중요한 가이드 역할을 하는 것이 냄새이다. 장소마다 특유한 냄새가 있기 때문이다. 해양 동물은 파도의 세기, 수온, 물결의 움직임 등을 통해 길을 찾아간다. 그러나 이런 요인만으로는 붉은바다거북이 산란 때가 되면 1만 1000킬로미터 이상을 헤엄쳐 자신이 태어났던 해변으로 되돌아오는 현상을 설명하기가 쉽지 않다. 최근 연구로는 거북에게도 다른 동물들처럼 체내에 생물학적인 자기장이 있어 그게 나침반 역할을 하는 것으로 추정하고 있다.

과학자들은 수십 년 전부터 모나크나비, 철새 등 이동하는 동물의 몸에는 미세한 자석 입자가 있다고 믿어 왔다. 그 자석 입자가 지구자기장과 반응하는 것을 '읽어서' 제대로 된 방향으로 나아갈 수 있다는 것이다.

그러나 이런 뛰어난 항법 장치들을 속수무책으로 만드는 것이 있으니, 바로 인간들의 무분별한 개발과 남획, 기후변화 등으로 이동 경로가 막히거나 서식지가 없어지는 것이다. 생태학자이자 진화생물학자인 데이비드 윌코브^{David Wilcove}가 "전 세계적으로 동물의 이동 현상이 사라지고 있다."고 경고하는 까닭도 이 때문이다. 동물의 이동이 사라지면 멸종과 더불어 생물학적 다양성도 사라지게 된다.

많은 환경 운동 단체들이 동물의 이동 경로와 서식지를 보호하기 위해 열심히 노력하고 있다. 이들은 대중들의 관심과 참여뿐 아니라 중앙정부와 지방정부, 기업들이 적극 나서야한다고 강조한다.

국제적인 협조도 필수적이다. 백상아리나 바다거북, 북극제비갈매기, 가지뿔영양처럼 이동거리가 아주 긴 동물에게는 국가 간 경계가 아무런 의미가 없다. 이들은 인간이 만든 규칙이나 합의 따위는 알 바가 아니다. 그저 오랜 세월 반복해 온 경로를 따라 묵묵히 이동할 뿐이다. 따라서 한 국가에서 그들을 보호하는 법을 제정하더라도 인접 국가에서 무관심하다면 보호 정책은 허사로 돌아간다.

다행히 최근 몇 십 년간 환경 파괴와 기후변화, 밀렵으로부터 동물들을 보호하기 위해 국제적인 공조 노력이 지속적으로 펼쳐져 왔다. 이 중 몇 가지 조치들은 아주 좋은 효과를 보기도 했다. 예를 들어 국제포경위원회의 상업 목적의 고래 사냥 금지 조치는 거의 멸종 단계에 있던 고래를 다시 살려 내는 데 크게 이바지했다. 그러나 일반적으로 국제적인 기준은 복잡한 협의 과정과 협조가 필요하기 때문에 규범이 정해지더라도 실질적이고 효과적으로 집행되는 경우는 전체의 10퍼센트에 불과한 실정이다.

《침묵의 봄》의 저자 레이첼 카슨은 20세기 중반에 이런 말을 했다. "20세기로 대표되는 아주 짧은 시기에 지구 생명체들 중 한 종에 불과한 인간이, 자연 세계를 바꿔 버릴 수 있는 가공할 힘을 획득해 버렸다." 하지만 카슨의 이 말은 절반만 맞는 얘기다. 그 시간은 21세기까지 연장되었으며, 인간은 자연 세계 −대기와 대양, 땅과 숲, 시시각각 대이동을 감행하는 그 많은 동물들− 를 바꿀 수 있는 훨씬 더 큰 힘을 소유하게 되었다.

북아메리카 고원의 상징인 가지뿔영양은 한때 그 수가 급격히 줄었으나 사냥 금지 조치가 내려지면서 50만 마리가 넘는 수준으로 회복했다. 그러나 개발로 인해 서식지가 점점 잠식당하고 있다.

3년간, 64만 킬로미터 이상을 이동하며 촬영한 지구상에서 가장 감동적인 스토리!

나는 한밤중에 걸려 오는 전화를 결코 놓치는 일이 없다. 잠결에 벌떡 일어나면 새벽 3시. 전화벨이 울리고 있다. 또 무슨 일일까? 몇 가지 생각들이 머리를 스치고 지나간다. 비행기가 도착하지 않았나? 헬기가 뜨지 못했나? 자동차가 멈췄나? 동물들이 다 떠나 버렸나?

시끄러운 여러 가지 소리로 미뤄 위성 전화인 게 분명하다. 가까스로 전화 목소리의 주인공이 제임스 번^{James Byrne}이라는 것을 안다. 서부 아프리카, 말리의 불타는 사막에서 걸고 있는 것이다. 목소리가 한껏 들떠 있다. 방금 헬기에서 내렸는데, 이동하는 코끼리 떼의 항공 촬영에 성공했다는 것이다. 동틀 녘에 코끼리들이 아름다운 절벽 아래로 난 거대한 틈 – '코끼리들의 문^{The Elephants' Door}' – 을 지나가는 모습을 포착할 수 있었다고 했다.

제임스는 그 황홀한 뉴스를 신이 나서 전해 주었다. 6400킬로미터 떨어진 이곳에서도 그의 흥분이 고스란히 전해져 온다. 이것은 우리가 이번 프로젝트를 진행하면서 만나는 특별한 순간들 중의 하나다. 우리는 멋진 장면을 찍기를 간절히 바라지만, 그런 기회는 갖은 고생을 다한 끝에서야 가뭄에 콩 나듯 겨우 찾아올 뿐이다. 나는 수화기를 놓고 자리에 눕는다. 얼마나 대단한 뉴스인가! 나는 이번 프로젝트가 끝나면 아마도 이 한밤에 울린 전화벨 소리를 가장 그리워할 것 같다는 생각이 든다.

내셔널지오그래픽의 〈위대한 여정〉 프로젝트는 3년에 걸친 오디세이로, 많은 사람이 관여했다. 누구는 팀의 일원으로서, 또 누구는 개인 자격으로 참여한 이 프로젝트는 그야말로 하나의 '대이동'과 같았다. 우리가 도전한 이 유례없는 대모험은 우리의 진을 모두 앗아 갔지만, 결국은 우리에게 많은 것을 돌려주었다. 우리는 이 여정을 위해 세계적으로 가장 뛰어난 야생동물 촬영 전문가들을 찾아냈고, 이들을 이전에는 결코 경험하지 못했던 극한상황으로 몰아넣었다. 태양이 이글거리는 보츠와나의 막가딕가디 염호 지대에서 얼룩말의 이동 장면을 촬영하던 데렉^{Dereck}과 버벌리 주버트^{Beverly Joubert}는 나에게 이런 편지를 보내왔다. "여기는 정말 무지무지하게 지독한 곳이오. 매일같이 소금이 뒤섞인 모래바람이 얼굴을 때리고 있소. 초원의 풀은 대단히 부드러워 보이지만, 겉모습만 보고 앉았다간 딱딱하게 솟은 풀에 엉덩이를 찔리고 개미들이 물어 대는 바람에 혼비백산하게 된다오. 염호 지대로 들어서는 것은 '단테의 지옥'을 방문하는 것과 같소. 피곤하고 지쳐서 그늘이라도 찾으려면 트럭 밑으로 들어가 눕는 것 외에는 달리 방법이 없소 (물론 개미한테 물릴 각오는 해야지요). 그래도 거기가 천국이오!"

이 프로젝트는 처음부터 뭔가 달랐다. 프로덕션 규모는 전례가 없을 정도로 방대했고, 엄청난 자원이 총동원되어야 했다. 〈위대한 여정〉은 내셔널지오그래픽 텔레비전NGT과 내셔널지오그래픽 채널NGC 사상 가장 야심찬 프로젝트였다. 그래서 더욱 막중한 책임감을 느꼈다. NGT와 NGC 스태프들도 이 도전을 기꺼이 받아들였다. 그동안 우리가 세운 기록을 정리해 보면 다음과 같다.

- 이동한 거리 = 64만 킬로미터 이상

- 촬영일수 = 800일 이상
- 헬리콥터에서 촬영한 시간 = 200시간 이상
- 샤크 케이지(shark cage, 상어의 공격으로부터 보호하기 위해 만든 쇠창살 우리)에서 촬영한 시간 = 100시간 이상
- 나무에 매달려 촬영한 시간 = 400시간 이상
- 촬영할 때의 기온 = 섭씨 영하 30도~영상 50도

그러나 이런 수치와 기록에 앞서, 〈위대한 여정〉에 참여한 모든 사람들이 혼신의 힘을 다하였던 까닭은 지구의 생태계가 매우 위험한 상황에 처해 있다는 점을 인식했기 때문이었다. 물론 그 위기는 인간이 초래했다. 우리의 임무는 야생동물들의 영원한 대이동을 기록하는 것이었지만, 이 대이동 가운데 몇몇은 조만간 지구상에서 사라지게 될 것이었다. 이런 사실을 알고 있는 촬영팀들은 '지구상에서 가장 감동적인 이야기들'을 필름에 담기 위해 그 어느 때보다 긴장하고 분발했다.

수단에서 시베리아까지, 오스트레일리아에서 포르투갈의 아조레스 섬까지, 페루에서 팔라우까지, 각지로 흩어진 50여 촬영팀은 온갖 역경을 이겨내면서 여태까지 알려지지 않은 신비한 장면들을 무수히 잡아냈다. 예를 들어 앤디 카사그란데^{Andy Casagrande}는 지칠 줄 모르는 열정으로 세렝게티의 치타 모습을 찍었으며, 애덤 라베치^{Adam Ravetch}는 북극의 바다코끼리를 찍기 위해 함께 헤엄을 쳤고, 마크 램블^{Mark Lamble}은 100만 마리에 이르는 작은붉은날여우박쥐를 수색하느라("백만 마리나 되는 박쥐들이 도대체 어디 숨어 있는 거야?"라며) 동분서주했으며, 닐 레티크^{Neil Rettig}는 사향쥐 보금자리를 기막히게 본뜬 은폐용 둥지를 만들어 미시시피 강 상류를 지나는 철새들을 바로 곁에서 촬영할 수 있었다. (사향쥐는 수면에 지붕 모양을 한 둥근 보금자리를 만든다 —옮긴이) 이 놀라운 이야기들이 가능했던 것은 '지구를 지키기 위해 사람들을 각성시키자'는 이번 프로젝트의 핵심 미션을 촬영팀들이 진심으로 공유했기 때문이다.

NGT의 단일 프로덕션으로는 가장 긴 3년의 촬영 기간이었지만, 아이러니하게도 우리에게는 시간이 많지 않다는 것을 깨닫게 되었다. 포클랜드 제도에서 촬영을 맡았던 캐티 바우어^{Katie Bauer}와 마크 스미스^{Mark Smith}는 한때 이 섬에서 번창했던 바위뛰기펭귄과 젠투펭귄이 이제는 거의 남아 있지 않다는 사실을 알고 망연자실했다. 스테파니 아틀라스^{Stephanie Atlas}는 불법적인 벌목 남발로 멕시코 고산지대의 숲이 사라지는 바람에 모나크나비가 고향을 잃어 가는 모습을 보고 충격을 받았다. 존 버냄^{John Benam}과 제시 퀸^{Jesse Quinn}은 보르네오 섬에서 야자수 농장들이 폭발적으로 늘어난 탓에 긴팔원숭이들의 멋진 모습을 필름에 담는 데 애를 먹었다. 아프리카 말리에서 제임스 번과 밥 풀^{Bob Poole}이 찍은 사막 코끼리들의 대이동 모습은 아마 이번이 마지막일지도 모른다. 농장과 마을이 계속 들어서는 바람에 코끼리들은 조심조심, 아주 힘겹게 이동하고 있었다.

우리는 이번 여정을 통해 많은 것을 느끼고 깨닫게 되었다. 자연에는 달리고, 헤엄치고, 날아서 이동하지 않으면 생명을 유지할 수 없는 수많은 동물들이 있다. 이번에 우리가 촬영한 것은 그 가운데 극히 일부에 지나지 않는다. 이들을 보면서 우리는 마음 깊이 경이로움을 느꼈고 많은 영감도 받았다. 또한 지구가 얼마나 허약한 행성인지도 더 잘 이해하게 되었다. 그리고 인간 역시 이동하는 동물이라는 사실을 새삼 떠올렸다. 인간은 한곳에 머물지 못하는 종이다. 어쩌면 계속 움직이고자 하는 충동 덕분에 지구를 지배하게 되었는지도 모른다. 그러나 과연 미래에도 인간과 야생동물이 다함께 이동할 수 있을까?

3년 전 출발 당시, 〈위대한 여정〉 팀은 무모할 정도로 자신만만하고 야심 찼다. 사람들이 우리가 찍은 영화와 사진들을 보면서 이동하는 동물에 대한 생각을 근본적으로 바꾸게 되리라고 자신했다. 사람들이 〈위대한 여정〉을 본 다음 날 아침, 이전과는 전혀 다른 눈으로 들판을 바라보고, 바다를 응시하고, 하늘을 올려다보는 장면을 상상했다. 길을 가다가 우연히 이동하는 동물들을 마주치게 되면 단지 "와, 멋지다!"라고만 말하는 게 아니라, "내가 너

희들을 지켜줄게!"라고 외치게 되리라 믿었다.

영화와 책으로 나온 〈위대한 여정〉이 여러분들에게 생명을 바라보는 새로운 관점을 제공할 수 있었으면 좋겠다. 그것은 바로 인간과 동물이 다 함께 이동하고 하나로 살아남지 못한다면, 지구상에서 생명 자체가 존재하지 않게 된다는 점이다.

내셔널지오그래픽 본부장
데이비드 햄린

295

Introduction

Chapter · 1

Chapter · 2

Chapter · 3

2-3, Paul Nicklen; 4, Paul Nicklen; 8-9, Frans Lanting; 10-11, Randy Olson; 12-13, Anup & Manoj Shah; 17, Frans Lanting; 18, Joel Sartore; 21, Paul Nicklen; 23, Mitsuaki Iwago/Minden Pictures; 24 (왼쪽), Beverly Joubert; 26-27, Anup & Manoj Shah; 28-29, John Hicks; 30-31, Ingo Arndt/Foto Natura/Minden Pictures; 32-33, Hiroya Minakuchi/Minden Pictures; 35, Anup & Manoj Shah; 40, Anup & Manoj Shah; 41, Anup & Manoj Shah; 43, Mitsuaki Iwago/Minden Pictures; 44-45, Mitsuaki Iwago/Minden Pictures; 49, David Hamlin; 53, Peter Arnold, Inc./Alamy; 56-57, John Hicks; 59, Jamie Dertz, National Geographic My Shot; 63, Ingo Arndt/Foto Natura/Minden Pictures; 64-65, Stephanie Atlas; 66, Jim Brandenburg/Minden Pictures; 71, Flip Nicklin/Minden Pictures; 75, Flip Nicklin; 76-77, Flip Nicklin; 77 (오른쪽), Flip Nicklin; 79 (위오른쪽), James Byrne; 79 (위 왼쪽), Martin Withers/Flpa/Minden Pictures; 80-81, Paul Nicklen; 82-83, Christian Ziegler/Minden Pictures; 84-85, George Steinmetz; 86, Paul Nicklen; 87, Paul Nicklen; 88-89, Raoul Slater/Lochman Transparencies; 94-95, Frans Lanting; 95 (오른쪽), Frans Lanting; 96-97, Frans Lanting; 98, Paul Nicklen; 99 (왼쪽), Paul Nicklen; 99 (오른쪽), John Eastcott & Yva Momatiuk; 100-101, Paul Nicklen; 103, Frans Lanting; 104, Paul Nicklen; 109, Christian Ziegler/Minden Pictures; 112, Christian Ziegler/Minden Pictures; 114 (위), Mark Moffett/Minden Pictures; 114 (아래), Mark Moffett/Minden Pictures; 115, Christian Ziegler/Minden Pictures; 116, Mark Moffett/Minden Pictures; 117, Mark Moffett/Minden Pictures; 118-119, Mark Moffett/Minden Pictures; 121, Ingo Arndt/Foto Natura/Minden Pictures; 124, all photos by James Byrne; 125, Chris Johns; 126-127, James A. Sugar; 129, Mark Conlin/Larry Ulrich Stock; 133, Michio Hoshino/Minden Pictures; 134 (왼쪽), Paul Nicklen; 134-135, Paul Nicklen; 136, Michael S. Quinton; 137, Melissa Farlow; 139, KEO Films; 142, Piotr Naskrecki/Minden Pictures; 143 (왼쪽), Tim Laman; 143 (오른쪽), Tim Laman; 144-145, Roy Toft; 146-147, Lochman Transparencies; 150-151, Anup & Manoj Shah; 152-153, Tim Laman; 154-155, Brian Skerry; 156-157, Joel Sartore; 158-159, Paul Nicklen; 161, Robert B. Haas; 164-165, Richard Du Toit/Minden Pictures; 165 (오른쪽), Mitsuaki Iwago/Minden Pictures; 166-167, Anup & Manoj Shah; 168 (왼쪽), Robert B. Haas; 168-169, Marc Moritsch; 170-171, Beverly Joubert; 173, Colin Parker, National Geographic My Shot; 176 (왼쪽), Kai Benson; 176-177, Brian Skerry; 178, Tim Laman; 179, Tim Laman; 181, Frans Lanting; 184-185, Tim Laman; 185 (오른쪽), Cede Prudente/NGT; 186 (왼쪽), Tim Laman; 186 (오른쪽), Cede Prudente/NGT; 187 (왼쪽), Tim Laman; 188, Tim Laman; 189, Tim Laman; 190 (왼쪽), Mattias Klum; 190-191, Tim Laman; 193, Joe Riis; 196 (왼쪽), Joe Riis; 196-197, Joel Sartore; 198, Joe Riis; 200 (왼쪽), Joe Riis; 200-201, Joe Riis; 202-203, Michael Durham/Minden Pictures; 205, Joel Sartore; 209, Paul Nicklen; 210-211, Paul Nicklen; 211 (오른쪽), Paul Nicklen; 212, Paul Nicklen; 213, Paul Nicklen; 216-217, Mike

Parry/Minden Pictures; 218-219, Carlton Ward Jr.; 222-223, Joel Sartore; 225, Mauricio Handler; 228-229, Rich Reid; 230, Tim Fitzharris/Minden Pictures; 232-233, Michael Durham/Minden Pictures; 234, Brian Skerry; 235, Mauricio Handler; 237, Carlton Ward Jr.; 240, Carlton Ward Jr.; 242-243, Carlton Ward Jr.; 244-245, Carlton Ward Jr.; 246-247, Steve McCurry; 247 (오른쪽), Carlton Ward Jr.; 254-255, Tim Laman; 255 (오른쪽), Tim Laman; 261, Michael Forsberg; 264-265, Jim Brandenburg/Minden Pictures; 267, Pal Hermansen/Getty Images; 268-269, Tim Fitzharris/Minden Pictures; 270, Yva Momatiuk & John Eastcott/Minden Pictures; 271 (왼쪽), Thomas Mangelsen/Minden Pictures; 273, Macduff Everton; 274 (왼쪽), Klaus Nigge; 274-275, Annie Griffiths Belt; 276, Thomas Kitchin & Victoria Hurst/Getty Images; 280-281, Jim Brandenburg/Minden Pictures; 283, Paul Nicklen; 286, Joel Sartore; 291, Jim Brandenburg/Minden Pictures.

아래에 언급된 것은 이 책에 나오는 몽타주 사진들인데, 몇 개의 사진을 합성한 것이다. 대이동의 역동성과 스케일을 강조하기 위해 하나의 이미지가 다른 이미지와 자연스럽게 연결되도록 했다. 하지만 이 과정에서 각각의 사진들에 어떤 손질과 조작도 가하지 않았음을 밝혀 둔다.

36-37 (왼쪽에서 오른쪽으로), Michael Poliza, Mitsuaki Iwago/Minden Pictures, Anup & Manoj Shah, Anup & Manoj Shah; 46-47 (왼쪽에서 오른쪽으로), Suzi Eszterhas/Minden Pictures, Suzi Eszterhas/Minden Pictures,Suzi Eszterhas/Minden Pictures, Anup & Manoj Shah, Anup & Manoj Shah, Chris Johns; 50-51 (왼쪽에서 오른쪽으로), John Hicks, John Hicks, National Geographic Television (NGT), Roger Garwood, David Hamlin; 54-55 (왼쪽에서 오른쪽으로), Frederique Olivier, John Hicks, NGT, NGT, NGT, NGT; 60-61, NGT; 68-69 (왼쪽에서 오른쪽으로), James L. Amos, Stephanie Atlas, Thomas Marent/Minden Pictures; 72-73 (왼쪽에서 오른쪽으로), Patricio Robles Gil/Minden Pictures, Flip Nicklin/Minden Pictures, Flip Nicklin; 92-93, Frans Lanting; 106-107 (왼쪽에서 오른쪽으로), Frans Lanting, Paul Nicklen; 110-111, Christian Ziegler/Minden Pictures; 122-123, Paul Elkan & Mike Fay; 130-131 (왼쪽에서 오른쪽으로), NGT, Larry Ulrich, Paul Nicklen; 140-141 (왼쪽에서 오른쪽으로), Konrad Wothe/Minden Pictures, Lochman Transparencies, KEO Films; 162-163 (왼쪽에서 오른쪽으로), Michael & Patricia Fogden/Minden Pictures, Anup & Manoj Shah; 174-175, NGT; 182-183 (왼쪽에서 오른쪽으로), Tim Laman, Mattias Klum, Tim Laman; 194-195 (왼쪽에서 오른쪽으로), Michael Durham/Minden Pictures, Patricio Robles Gil/Minden Pictures, Joe Riis; 206-207, NGT; 226-227 (왼쪽에서 오른쪽으로), Mauricio Handler, Brandon Cole/Visuals Unlimited/Getty Images, David Doubilet; 238-239 (왼쪽에서 오른쪽으로), Michael Fay, Carlton Ward Jr., Carlton Ward Jr.; 248-249, Carlton Ward Jr.; 252-253, NGT; 262-263, Michael Forsberg; 278-279 (왼쪽에서 오른쪽으로), Michael Forsberg, Sumio Harada/Minden Pictures, Michael Forsberg.

Adamczewska, Agnieszka M., and Stephen Morris. "Ecology and Behavior of *Gecarcoidea natalis,* the Christmas Island Red Crab, during the Annual Breeding Migration." *Biological Bulletin* (June 2001), 305-320.

Alderfer, Jonathan, ed. *National Geographic Complete Birds of North America.* National Geographic Society, 2006.

Baughman, Mel, ed. *Reference Atlas to the Birds of North America.* National Geographic Society, 2003.

Bingham, Mike. "Rockhopper Penguin." International Penguin Conservation Work Group, 2010. Available online atwww.penguins/cl.

Bonner, Nigel. *Seals and Sea Lions of the World.* Facts on File, 1999.

Byers, John A. *American Pronghorn: Social Adaptations and the Ghosts of Predators Past.* University of Chicago Press, 1997.

Carson, Rachel. *Silent Spring.* Houghton Mifflin, 1962.

Department of Sustainability and Environment, State of Victoria, 2001. "About Flying-foxes." Available online at www.dse.vic.gov.au.

De Roy, Tui, Mark Jones, and Julian Fitter. *Albatross: Their World, Their Ways.* Firefly Books, 2008.

Dingle, Hugh. *Migration: The Biology of Life on the Move.* Oxford University Press, 1996.

Fay, J. Michael, Paul Elkan, Malik Marjan, and Falk Grossman. "Wildlife Conservation Society Aerial Surveys of Wildlife, Livestock, and Human Activity in and around Existing and Proposed Protected Areas of Southern Sudan, Dry Season 2007." Wildlife Conservation Society in Cooperation with the Government of Southern Sudan.

Forsberg, Michael. *Great Plains: America's Lingering Wild.* University of Chicago Press, 2009.

Fryxell, J. M., and A.R.E. Sinclair. "Seasonal Migration by White-eared Kob in Relation to Resources." *African Journal of Ecology* (March 1988), 17-31.

Garbutt, Nick. *Wild Borneo: The Wildlife and Scenery of Sabah, Sarawak, Brunei and Kalimantan.* MIT Press, 2006.

Gerrard, Jon M., and Gary R. Bortolotti. *The Bald Eagle: Haunts and Habits of a Wilderness Monarch.* Smithsonian Institution Press, 1988.

Glick, Daniel. "End of the Road?" Smithsonian Magazine (January 2007). Available online at www.smithsonianmag.com/science-nature/pronghorn.html.

Gordon, Jonathan. *Sperm Whales.* Voyageur Press, 1998.

Gotwald, William H., Jr. Army Ants: *The Biology of Social Predation.* Cornell University Press, 1995.

Grossman, Falk, Paul Elkan, Paul Peter Awol, and Maria Carbo Penche. "Surveys of Wildlife, Livestock, and Human Activity in and around Existing and Proposed Protected Areas of Southern Sudan, Dry Season 2008." Wildlife Conservation Society in Cooperation with the Government of Southern Sudan.

Grzimek, Bernhard. *Serengeti Shall* Not Die. E.P. Dutton and Co., 1959.

Ham, Anthony. "The Lost Herd." *Virginia Quarterly Review* (Winter 2010), 4-26.

Heyman, William D., Rachel T. Graham, Björn Kjerfve, and Robert E. Johannes. "Whale sharks *Rhincodon typus* aggregate to feed on fish spawn in Belize." *Marine Ecology Progress Series 215* (May 2001), 275-282.

Hoare, Ben. *Animal Migration: Remarkable Journeys in the Wild.* University of California Press, 2009.

Holldobler, Bert, and Edward O. Wilson. *The Ants.* Harvard University Press, 1990.

Hughes, Janice M. *The Migration of Birds: Seasons on the Wing.*

Firefly Books, 2009.

Jay, Chadwick V., and Anthony S. Fischbach. "Pacific Walrus Response to Arctic Sea Ice Losses." United States Geological Survey Report, 2008. Available online at purl.access.gpo.gov/GPO/LPS96746.

Kgathi, Dorothy K., and Mary C. Kalikawe. "Seasonal Distribution of Zebra and Wildebeest in the Makgadikgadi Pans Game Reserve, Botswana." *African Journal of Ecology* (April 1993), 210-219.

Klimley, A. Peter, and David G. Ainley, eds. *Great White Sharks: The Biology of* Carcharodon carcharias. Academic Press, 1996.

Loope, Lloyd L., and Pau D. Krushelnycky. "Current and Potential Ant Impacts in the Pacific Region." *Proceedings of the Hawaiian Entomology Society* (December 2007), 69-73.

National Aeronautics and Space Administration. "NASA Ice Images Aid Study of Pacific Walrus Arctic Habitats." (December 2006). Available online at www.nasa.gov/centers/ames/research/2006/walrus.html.

Payne, Junaidi, and Cede Prudente. *Orangutans: Behavior, Ecology, and Conservation*. MIT Press, 2008.

Poole, Robert M. "Heartbreak on the Serengeti." *National Geographic* (February 2006). Available online at ngm.nationalgeographic.com/ngm/0602/feature1.

Riedman, Marianne. *The Pinnipeds: Seals, Sea Lions, and Walruses*. University of California Press, 1990.

Robinson, Carlos J., and Jaime Gómez-Gutiérrez. "Daily Vertical Migration of Dense Deep Scattering Layers Related to the Shelf-break Area Along the Northwest Coast of Baja California, Mexico." *Journal of Plankton Research* (1998), 1679-1697.

Scott, Jonathan. *The Great Migration*. Elm Tree Books, 1988.

Shoshani, Jeheskel. *Elephants: Majestic Creatures of the Wild*. Facts on File, 2000.

Sinclair, A.R.E., and M. Norton-Griffiths, eds. *Serengeti: Dynamics of an Ecosystem*. University of Chicago Press, 1979.

Strange, Ian. "The Falklands' Johnny Rook." *Natural History* (1986), 54-61.

Tickel, W.L.N. *Albatrosses*. Yale University Press, 2000.

Urquhart, Fred A. *The Monarch Butterfly: International Traveler*. Nelson-Hall, 1987.

Vardon, Michael, et al. "Seasonal Habitat Use by Flying-foxes, *Pteropus alecto* and *P. scapulatus* (Megachiroptera), in Monsoonal Australia." *Journal of Zoology* (2001), 523-535.

Ward, Carlton, Jr. "Restless Spirits." *Africa Geographic* (July 2007), 34-41.

Watson, Rupert. *Salmon, Trout, and Charr of the World: A Fisherman's Natural History*. Swan Hill Press, 1999.

Whitehead, Hal. *Sperm Whales: Social Evolution in the Ocean*. University of Chicago Press, 2003.

Wilcove, David S. *No Way Home: The Decline of the World's Great Animal Migrations*. Island Press, 2008.

Wildlife Conservation Society. "Massive Migration Revealed." Available online at www.wcs.org/new-and-noteworthy/massive-migration-revealed.aspx.

Williams, Tony D. *The Penguins*. Oxford University Press, 1995.

Wilson, Edward O. "Army Ants: Inside the Ranks." *National Geographic* (August 2006). Available online at ngm.nationalgeographic.com/2006/08/army-ants/moffett-text/1.

Yates, Steve. The Nature of Borneo. Facts on File, 1992.

Zimmer, Carl. "From Ants to People, an Instinct to Swarm." *New York Times,* November 13, 2007. Available online at www.nytimes.com/2007/11/13/science/13traff.html.

옮긴이 **이영기**

서울대학교 물리학과를 졸업하고 중앙일보 문화부 기자, 영화전문 계간지 〈필름 컬처〉의 편집위원을 거쳐 현재 프리랜서로 활동 중이다. 지은책으로《상식 밖의 과학사》가 있고, 옮긴 책으로《위험한 생각들》,《과학의 탄생》,《기상천외 과학대전》,《시리우스》등이 있다.

위대한 여정 GREAT MIGRATIONS

초판 1쇄 발행 | 2011년 10월 1일

엮은이 | 카렌 코스티얼
옮긴이 | 이영기
발행인 | 김태진, 승영란
마케팅 | 함송이, 강소연
디자인 | 여상우
출력·인쇄 | 애드샵프린팅
펴낸 곳 | 에디터
주소 | 서울특별시 마포구 공덕동 105-219 정화빌딩 3층
전화 | 02-753-2700, 2778
팩스 | 02-753-2779
출판등록 | 1991년 6월 18일 제313-1991-74호
값 60,000원

ISBN 978-89-92037-84-6 13470